Einzelkonstruktionen aus dem Maschinenbau

Herausgegeben von Ingenieur C. Volk-Berlin □ □ □ Sechstes Heft

Schubstangen und Kreuzköpfe

von

Oberingenieur H. Frey
Waidmannslust b. Berlin

Mit 117 Textfiguren

Springer-Verlag Berlin Heidelberg GmbH
1913

Alle Rechte, insbesondere das der
Übersetzung in fremde Sprachen, vorbehalten.

Copyright by Springer-Verlag Berlin Heidelberg 1913
Ursprünglich erschienen bei Julius Springer in Berlin 1913

ISBN 978-3-662-34797-3   ISBN 978-3-662-35121-5 (eBook)
DOI 10.1007/978-3-662-35121-5

Vorwort.

Das vorliegende Heft enthält naturgemäß manches Bekannte, besonders hinsichtlich der Berechnung der Abmessungen.

Um so mehr wurde Wert darauf gelegt, neue und von den bisher gebräuchlichen Formen abweichende Ausführungen zu bringen, sofern sie für eine konstruktive Weiterentwicklung beachtenswert erschienen.

Während bei anderen Einzelkonstruktionen des Maschinenbaues allgemein gültige Grundformen bereits ausgebildet oder doch Anfänge dazu vorhanden sind, besteht bei Schubstangen und Kreuzköpfen eine Verschiedenheit der Formen, die eher zu- als abzunehmen scheint.

Es dürfte deshalb von Wert sein, verschiedene neue Ausführungen erster Firmen, denen für die bereitwillige Überlassung der Zeichnungen der verbindlichste Dank ausgesprochen sei, miteinander zu vergleichen.

Waidmannslust b. Berlin, im Dezember 1913.

H. Frey.

Inhaltsverzeichnis.

	Seite
A. Die Kräfte im Kurbelgetriebe	1
B. Schubstangen	4
I. Berechnung der Abmessungen	4
1. Zapfendurchmesser	4
2. Schubstangenschaft	7
3. Schubstangenköpfe	8
II. Konstruktive Einzelheiten	13
C. Kreuzköpfe	19
a) Allgemeines	19
b) Befestigung des Zapfens im Kopf	21
c) Lagerschalen und Nachstellung bei Lagerkreuzköpfen	21
d) Befestigung der Kolbenstange	24
e) Gleitschuhe	26
Anhang: Schmierung der Zapfen und Lager	31

A. Die Kräfte im Kurbelgetriebe.

Die Schubstange überträgt den auf den Kolben und die Kolbenstange ausgeübten Druck auf den Kurbelzapfen der Maschine. Für ihre Abmessungen ist deshalb in erster Linie dieser Druck bestimmend, also $F \cdot p_i$, wobei F die wirksame Kolbenfläche in qcm bedeutet und p_i den Unterschied der Drücke vor und hinter dem Kolben für 1 qcm Fläche.

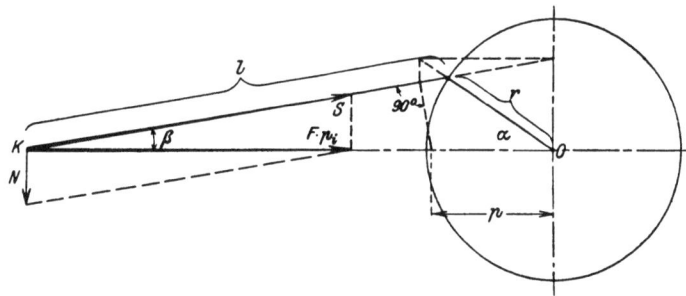

Fig. 1.

Die durch die Stange zu übertragende Kraft ergibt sich aus Fig. 1 zu

$$S = \frac{F p_i}{\cos \beta}.$$

S ist somit stets größer als $F p_i$ und erreicht bei gleichbleibendem $F p_i$, z. B. bei Pumpen, den größten Wert bei $\alpha = 90°$. Dann verhält sich

$$S_{max} : F p_i = l : K o = l : \sqrt{l^2 - r^2};$$

somit wird

$$S_{max} = \frac{F p_i}{\sqrt{1 - \lambda^2}},$$

wenn λ das Verhältnis Kurbelhalbmesser zu Schubstangenlänge bezeichnet.

Wenn der Wert $F p_i$ nicht gleichbleibend ist, sondern wie z. B. bei Kraftmaschinen und Gebläsen bald nach dem Totpunkte schon beträchtlich abnimmt, wird meist statt S der Wert $P = F \cdot p_{max}$ der Berechnung zugrunde gelegt, der sich aus der wirksamen Kolbenfläche und dem größten auftretenden Druckunterschied ergibt. Bei Kraftmaschinen mit großer Füllung entnehme man den größten Wert von S einem Diagramm der Stangendrücke.

Außer dem Druck $F p_i$ wirken aber auf die Stange noch die infolge der veränderlichen Geschwindigkeit auftretenden Beschleunigungsdrücke der hin und her gehenden Massen, in erster Linie der Massen des Kolbens, der Kolbenstange und des Kreuzkopfes. Von den in der Schubstange selbst auftretenden Beschleunigungsdrücken verändern nur die in die Stangenrichtung fallenden Komponenten den Wert von S, während die andern die Stange auf Biegung beanspruchen und die Richtungen der auf die Zapfen wirkenden Gesamtdrücke verändern.

Der Beschleunigungsdruck der geradlinig hin und her gehenden Massen beträgt

$$\frac{G}{g} \cdot \frac{dc}{dt} = M \cdot p,$$

wenn c die Kolbengeschwindigkeit in m/sk und p die Kolbenbeschleunigung bezeichnet.

Wählt man in Fig. 1 den Maßstab so, daß der Kurbelradius gleich der unveränderlichen Kurbelgeschwindigkeit v ist, so ergibt sich (nach Mohr) p durch die angedeutete einfache Konstruktion für alle Stellungen, außer den beiden Totlagen der Kurbel. Für diese berechnen sich die Werte zu

$$p_0' = \frac{v^2}{r}(1+\lambda) \quad \text{und} \quad p_0'' = \frac{v^2}{r}(1-\lambda).$$

(Andere genaue und näherungsweise Verfahren zur Ermittelung von p siehe „Hütte", 21. Aufl., Seite 230.)

Während diese Beschleunigungsdrücke schon bei mäßigen Geschwindigkeiten eine wesentliche Veränderung von S hervorrufen, ist die genaue Ermittelung der von der Stange selbst ausgehenden Drücke bei den meisten vorkommenden Geschwindigkeiten und bei normalen Stangen nicht erforderlich. Man begnügt sich dabei meist, dem Gewicht der geradlinig hin und her gehenden Teile einen Bruchteil des Stangengewichts hinzuzufügen. Dieser kann nach Mollier (Z. Ver. deutsch. Ing. 1903, Seite 1638) rd. 0,5 betragen.

Bei hohen Geschwindigkeiten und in solchen Fällen, in denen es auf möglichste Gewichtsersparnis ankommt, können die durch die Stangenbewegung verursachten Beschleunigungsdrücke nach Fig. 2 ermittelt werden.

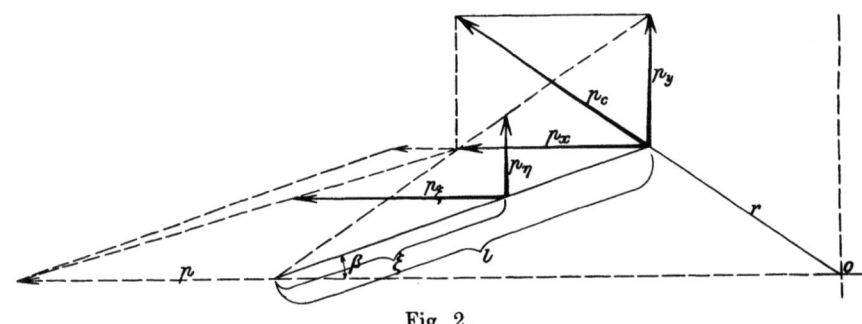

Fig. 2.

Bezeichnen: ω die Winkelgeschwindigkeit der Kurbelbewegung,
p_c die Beschleunigung der Fliehkraft $= \omega^2 r$,
p die veränderliche Beschleunigung des Kreuzkopfs (vgl. Fig. 1),
q einen Querschnitt der Pleuelstange in der Entfernung ξ vom Kreuzkopf,
γ das mittlere spezifische Gewicht in diesem Querschnitt,
g die Beschleunigung der Schwere,

so erhält das Massenscheibchen $dm = \frac{\gamma}{g} q \, d\xi$ die Beschleunigungen

$$p_\eta = p_y \frac{\xi}{l}$$

$$p_\xi = p + (p_x - p)\frac{\xi}{l}.$$

Die hieraus sich ergebenden Kräfte an der Kurbel sind

$$dK_y = dm\, p_y \frac{\xi^2}{l^2}$$

$$dK_x = dm \left[p + (p_x - p)\frac{\xi}{l} \right] \frac{\xi}{l}.$$

Am Kreuzkopf wirkt die Kraft

$$dK_x' = dm \left[p + (p_x - p)\frac{\xi}{l} \right] \frac{l-\xi}{l}$$

in der Richtung der Kolbenstange.

Durch Integration erhält man die Summe dieser Einzelkräfte zu

$$K_y = \int dm\, \frac{\xi^2}{l^2} p_y$$

$$K_x = \int dm\, \frac{\xi}{l} \left[p + (p_x - p)\frac{\xi}{l} \right]$$

$$K_x' = \int dm\, \frac{l-\xi}{l} \left[p + (p_x - p)\frac{\xi}{l} \right]$$

oder:

$$K_y = p_y \frac{1}{l^2} \int dm\, \xi^2$$

$$K_x = p \frac{1}{l} \int dm\, \xi + (p_x - p) \frac{1}{l^2} \int dm\, \xi^2$$

$$K_x' = p \left[\int dm - \frac{1}{l} \int dm\, \xi \right] + (p_x - p) \left[\frac{1}{l} \int dm\, \xi - \frac{1}{l^2} \int dm\, \xi^2 \right].$$

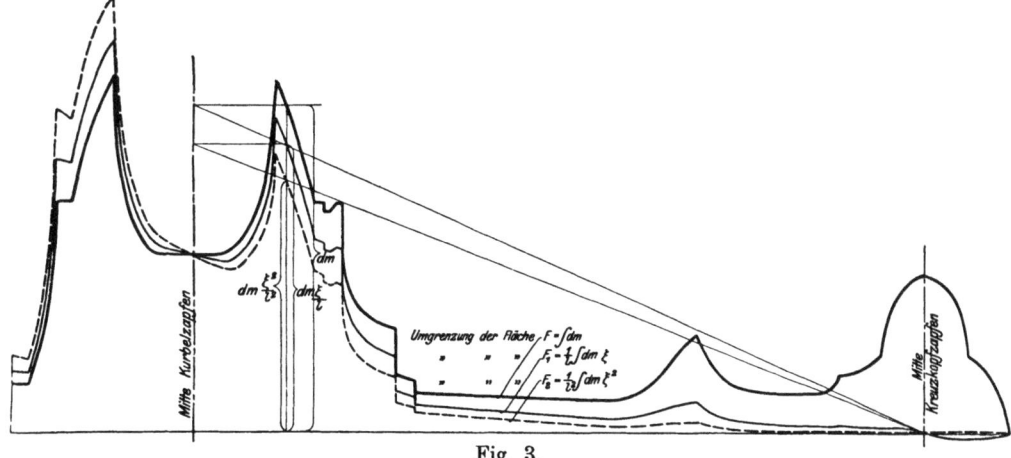

Fig. 3.

Trägt man dm für die verschiedenen Querschnitte auf der Stangenachse auf, so lassen sich, wie Fig. 3 zeigt, leicht die Werte von $\frac{1}{l}\int dm\, \xi$ und $\frac{1}{l^2}\int dm\, \xi^2$ zeichnerisch ermitteln und es stellen die Flächen F, F_1 und F_2 die Werte $\int dm$, $\frac{1}{l}\int dm\, \xi$ und $\frac{1}{l^2}\int dm\, \xi^2$ dar.

Die gesuchten Kräfte sind daher

$$K_y = p_y F_2$$
$$K_x = p F_1 + (p_x - p) F_2$$
$$K_x' = p(F - F_1) + (p_x - p)(F_1 - F_2)$$

Werden die Ordinaten der Fläche F_1 mit p_c multipliziert, so zeigt die neue Fläche die Verteilung der Beschleunigungsdrücke, welche die Stange in der ungünstigsten Stelluug auf Durchbiegung beanspruchen. (Für $\alpha = 90^0$ ist $p_y = p_c$, somit $\int p_\eta \, dm = p_c \cdot F_1$.)

Der Normaldruck N auf die Gleitbahn ergibt sich aus Fig. 1 zu

$$N = F p_i \cdot \operatorname{tg} \beta$$

und erreicht bei gleichbleibendem p_i den Höchstwert

$$N_{max} = F p_i \frac{r}{l \cos \beta} = S \frac{r}{l}.$$

Bei Motoren mit rascher Abnahme von p_i bestimme man den Höchstwert von N mit Hilfe eines Gleitdruckdiagramms.

Nachdem nunmehr die in Betracht kommenden Kräfte bekannt sind, soll die sich daraus ergebende Beanspruchung der einzelnen Teile ermittelt werden

B. Schubstangen.

I. Berechnung der Abmessungen.

1. Zapfendurchmesser.

Die Abmessungen des Kurbelzapfens sind mit Rücksicht sowohl auf die auftretende höchste Flächenpressung als auch auf die Reibungsarbeit zu bestimmen. Ein nach diesen Rücksichten berechneter Stirnzapfen vermag dann ohne weiteres den biegenden und verdrehenden Kräften zu widerstehen.

Die Flächenpressung wird bei gehärteten und geschliffenen Tiegelstahlbolzen und Bronzeschalen bis zu 70 kg/qcm, bei Schalen mit Weißmetallausguß bis 55 kg/qcm gewählt.

Bei Stangen für gekröpfte Kurbelwellen ergibt sich der Flächendruck meist ganz wesentlich geringer, da schon die Rücksichten auf die Festigkeit der Wellen und die Reibungsarbeit größere Abmessungen bedingen. So findet man z. B. bei den sonst so hoch beanspruchten Maschinen der Torpedoboote nur Flächenpressungen bis zu 70 kg/qcm.

Besondere Beachtung erfordern Zapfen von Pumpmaschinen und Kompressoren mit hintereinander liegenden Pumpen- und Dampfzylindern, weil hier kurz vor jedem Totpunkt Pumpendruck + Druck des Dampfkolbens auf den Zapfen wirken. Da diese Beanspruchung sehr rasch auftritt, ist die Flächenpressung niedriger zu wählen, als bei normalen Maschinen.

Bei rascher laufenden Maschinen bestimmt in der Hauptsache die zulässige Reibungsarbeit die Zapfenabmessungen. Diese ist natürlich von der Sorgfalt der Ausführung, dem verwendeten Material und der Möglichkeit der Wärmeabfuhr außerordentlich abhängig. Ferner ist die Art der Schmierung, der Schmiermittel, die ganze Bauart der Maschine von Einfluß, letztere insofern, als die Luftkühlung gerade beim Kurbelzapfen eine bedeutende Rolle spielt.

Für die Berechnung der Reibungsarbeit ist nicht der höchste am Zapfen auftretende Druck, sondern der während einer Umdrehung bzw. während eines Spiels (bei Mehrtaktmotoren) sich ergebende mittlere Druck P_m maßgebend.

Um für alle Fälle giltige Vergleichswerte zu erhalten, müßte der Verlauf des Druckes der auf den Zapfen sowohl direkt vom Kolben als auch vom Schwungrade her übertragen wird, berücksichtigt werden.

Es genügt aber in den meisten Fällen, als Ausgangspunkt die indizierte oder effektive Leistung der Maschine, soweit sie für den betreffenden Zapfen in Frage kommt, zu wählen.

Das Produkt $p \cdot v =$ Flächendruck (kg/qcm) $\times$ Gleitgeschwindigkeit (m/sk) ergibt sich dann zu

$$p \times v = \frac{N_e \cdot 75}{100 \cdot s \cdot l} = R,$$

da
$$p = \frac{N_e \cdot 75 \cdot 60}{l \cdot d \cdot s \cdot \pi \cdot n}$$

und
$$v = \frac{d \cdot \pi \cdot n}{60}$$

ist, wobei s den Kolbenhub in m und l die Zapfenlänge in cm bedeuten.

Der Wert R gibt für gleichartige Maschinen und gleiches Material einen bequemen Vergleichsmaßstab ohne den Einfluß der Reibungsziffer. Er ist unabhängig von der Umdrehungszahl und dem Zapfendurchmesser und gibt ohne weiteres die erforderliche Länge des Kurbelzapfens.

Für sehr genaue Ausführung, gehärtete und geschliffene Kurbelzapfen, finden sich an ausgeführten Maschinen Werte für R bis zu 24. Der Durchschschnittswert liegt wesentlich tiefer etwa bei 12 bis 14. Für die Zapfen gekröpfter Wellen, die nicht gehärtet werden können, ist R etwa zu 8 bis 9 gebräuchlich. Der angegebene Höchstwert von 24 setzt außerdem besonders sorgfältige Anordung der Schmierung und der Schmiernuten voraus. (Vgl. z. B. das Lager nach Fig. 29, bei welchem durch einspringende Bunde das seitliche Austreten des Öles verlangsamt wird.)

Bei Lokomotiven, deren Kurbelzapfen durch den Luftzug ausgiebig gekühlt werden, sind die vorkommenden Werte von R ganz wesentlich höher und können bis zu 75 betragen.

Für die Zapfen der Kuppelstangen gilt dasselbe, sofern die Lager nachstellbar sind; andernfalls ist mit Rücksicht auf die Abnutzung auch der Wert R kleiner zu halten.[1]

Für die Größe des Kreuzkopf-Zapfens ist allein der zulässige höchste Flächendruck bestimmend. Die Reibungsarbeit oder das Produkt $p \cdot v$ kann wegen der Kleinheit von v stets unberücksichtigt bleiben. Der Flächendruck kann je nach dem Material der Lagerschalen bis zu etwa 120 kg/qcm im Höchstfall zugelassen werden. Dieser sehr hohe Wert bedingt natürlich außer peinlichst genauer und sauberer Ausführung ein entsprechend hartes Lagermetall, also eine harte Bronze. Es werden zwar auch dem Weißmetall ähnliche Legierungen für Flächendrücke bis 110 kg/qcm angeboten, doch ist deren Verwendung nur dann zulässig, wenn

---

[1] Nach einem andern Verfahren berechnet man die auf 1 qcm Zapfenprojektion entfallende Reibungsarbeit

$$A = \frac{\mu}{1500} \cdot \frac{P_m \cdot n}{l},$$

wobei $\mu = 0{,}05$ bis $0{,}01$ und A mit $0{,}5$ bis 3 eingesetzt wird (die höheren Werte von A gelten für Zapfen mit Druckwechsel und günstiger Kühlung).

Wegen der Unsicherheit in der Wahl von μ und A dürfte es vorzuziehen sein, l aus der Beziehung

$$l > \frac{P_m \cdot n}{w}$$

zu bestimmen, wobei w eine Erfahrungszahl ist, die nach Bach für Kurbelzapfen 40000 bis 90000 beträgt. Aus

$$w = \frac{P \cdot n}{l} \quad \text{und} \quad p \cdot v = R$$

folgt, daß $w = 2000\,R$ ist. Die vom Verfasser aus einer Reihe von Ausführungen berechneten Werte liegen daher innerhalb der von Bach angegebenen Grenzen.

auch die Sicherheit besteht, daß das Ausgießen der Schalen mit derartigem Metall sachgemäß vorgenommen wird. Insbesondere spielt dabei die richtige Abkühlung nach dem Ausgießen eine wichtige Rolle. Nach den Untersuchungen von Behrens u. Baucke in Delft (vgl. Z. Ver. deutsch. Ing. 1899, Seite 1272) bilden sich bei langsamer Abkühlung grobe Kristalle in einer sehr weichen Zwischenmasse, während dieselbe Legierung beim Abschrecken gleichmäßig fein kristallinisch und sehr hart wird. Sie wird sich dann mehr wie Bronze verhalten und die Vor- und die Nachteile von Bronzelagerschalen aufweisen.

Als Material für die Zapfen selbst kommt meist Siemens-Martin-Stahl zur Verwendung. Nur bei besondes hoch beanspruchten Zapfen, wie bei Torpedobootsmaschinen, verwendet man Nickelstahl.

Die Zapfen werden heute wohl ausschließlich gehärtet, und zwar möglichst nur die Laufflächen, während das Innere und die Enden weich bleiben.

Wie verschieden die zulässigen Flächendrücke gewählt werden, zeigt folgende Zusammenstellung:

Maschinenart	Flächendruck
Landdampfmaschinen	50 bis 100 kg/qcm
Frachtdampfermaschinen	50 bis 70 ,,
Schnelldampfermaschinen	70 bis 90 ,,
Kriegsschiffmaschinen	90 bis 110 ,,
Torpedobootsmaschinen	110 bis 120 ,,
Lokomotivmaschinen	bis 280 ,,

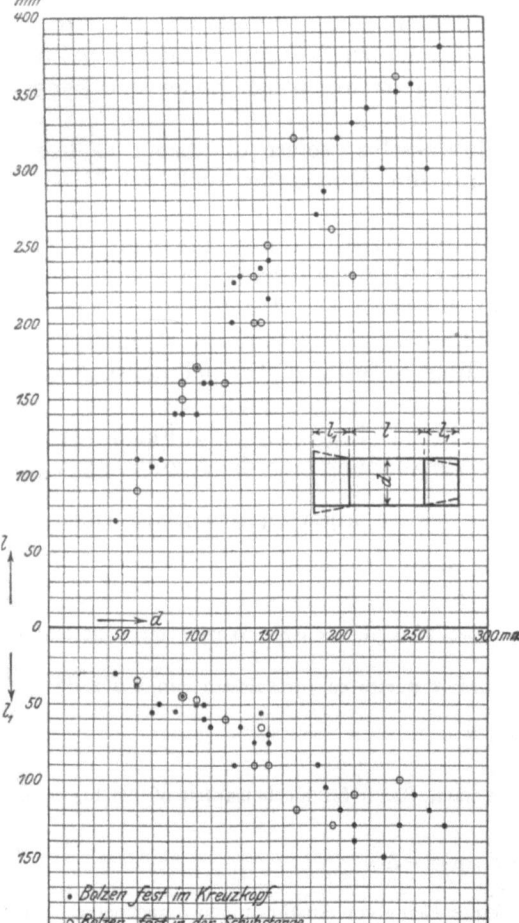

Fig. 4.

Letzterer Wert ergibt sich, wenn man den Auflagerdruck nach dem vollen Kesseldruck und ohne Berücksichtigung der entlastend wirkenden Trägheitskräfte bestimmt, ist also ein Vergleichswert, der in Wirklichkeit nie oder nur ganz vorübergehend auftritt.

Ist die erforderliche Tragfläche $d \times l$ nach der zulässigen Flächenpressung bestimmt, so erfolgt die Wahl des Verhältnisses $\frac{l}{d}$ mit Rücksicht auf die zulässige Biegungsbeanspruchung. Nachstehende Tafel Fig. 4 gibt für eine Anzahl ausgeführter Zapfen dieses Verhältnis nebst den Werten l_1 für die Länge der im Kreuzkopf oder der Schubstange sitzenden Enden des Zapfens. Die Biegungsbeanspruchung wird nach der Formel

$$k_b \simeq \frac{Pl}{4 \cdot W}$$

berechnet. Zulässig sind 450 bis 550 kg/qcm.

Bei den Zapfen einfach wirkender Maschinen, insbesondere Verbrennungsmotoren kann k_b bis 800 kg/qcm betragen.

2. Schubstangenschaft.

Der Stangenschaft wird für kleine und mittlere Geschwindigkeiten berechnet nach der Formel für Knickung $S = \dfrac{\pi^2}{\mathfrak{S}} E \dfrac{J}{L^2}$.

Daraus folgt für Kreisquerschnitt $S \simeq \dfrac{40\,000\, d_m^4}{L^2}$

wenn $\mathfrak{S} = 25$ und $E = 2\,000\,000$ kg qcm gesetzt wird.

Nach dem Kurbelzapfen hin kann der Stangendurchmesser auf $0{,}8\, d_m$, nach dem Kreuzkopfzapfen hin auf 0,7 bis $0{,}75\, d_m$ abnehmen. Meist wird aber der Schaft gegen die Kurbel hin gleichmäßig stärker werdend ausgeführt, wobei er am Kreuzkopfende etwa gleich dem Kolbenstangendurchmesser ist.

Bei größeren Kurbelzapfendurchmessern, besonders bei gekröpften Kurbelwellen, wächst der Durchmesser vom Kreuzkopf zum Kurbelzapfen hin im Verhältnis von 1 : 1,3 und mehr. Die Stange wird dann am Kurbelzapfenende seitlich abgeflacht. (Vgl. Fig. 8.)

Für Stangen mit rechteckigem Querschnitt verwendet man die Formel

$$S = \dfrac{\pi^2}{\mathfrak{S}} E \dfrac{1}{12} \dfrac{b^3 h}{L^2},$$

wobei h in der Stangenmitte $= 1{,}75$ bis $2\,b$ ist.

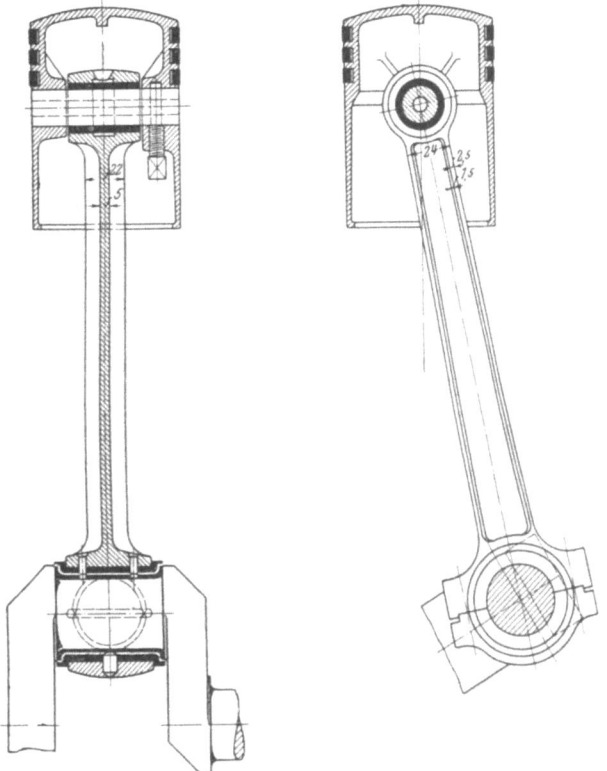

Fig. 5.   Fig. 6.

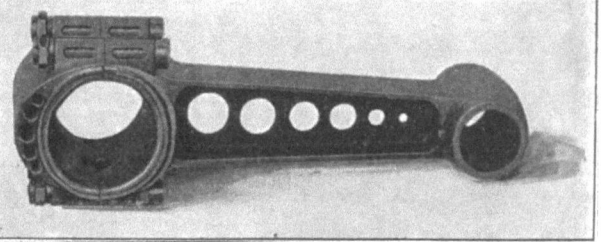

Fig. 7.

Bei Stangen für große Geschwindigkeiten, wie z. B. bei Lokomotiven, bei denen eine Gewichtsverminderung sehr wertvoll ist, kann $\mathfrak{S}$ ganz erheblich geringer eingesetzt werden, da sich bei dem raschen Druckwechsel keine der Knickung vorangehende Durchbiegung ausbilden kann. Es finden sich hier Werte von $\mathfrak{S} = 6$ bis $\mathfrak{S} = 2{,}5$. Es werden dadurch die störenden Lokomotivbewegungen, die zum Teil durch die Beschleunigungsdrücke der Schubstangen verursacht werden, vermindert. Zu dem gleichen Zwecke werden die Stangen auch mit I-förmigem Querschnitt ausgeführt. In noch weitgehenderem Maße als bei Lokomotiven ist die Verminderung der Stangengewichte durch Verwendung des I-Querschnittes bei Automobil- und Flugzeugmotoren gebräuchlich. (Vgl. Fig. 5 bis 7.)

8 Schubstangen.

Hier werden außerdem nur Materialien von ganz besonderer Festigkeit verwendet, und zwar Kohlenstoffstahl mit K_z bis 9600 kg/qcm.

Chrom-Nickel-Stahl   „ K_z bis 8800   „   „
Mangan-Silizium-Stahl „ K_z bis 9500   „   „

Bei diesen Stangen wird der I-Querschnitt oft so hoch ausgeführt, daß die Stange nicht mehr auf Knickung, sondern auf Druck und Zug berechnet werden muß, wie dies auch in anderen Fällen vorkommen kann, wenn kurze Stangen starke Belastungen erfahren. Bei großem n und l ist die Ermittlung der von den Beschleunigungsdrücken verursachten Biegungsspannung σ erforderlich (S. 4).

3. Schubstangenköpfe.

Bei den zur Aufnahme der Lager dienenden Köpfen der Schubstangen sind offene und geschlossene Köpfe zu unterscheiden (vgl. Fig. 8 u. 9 und Fig 11).

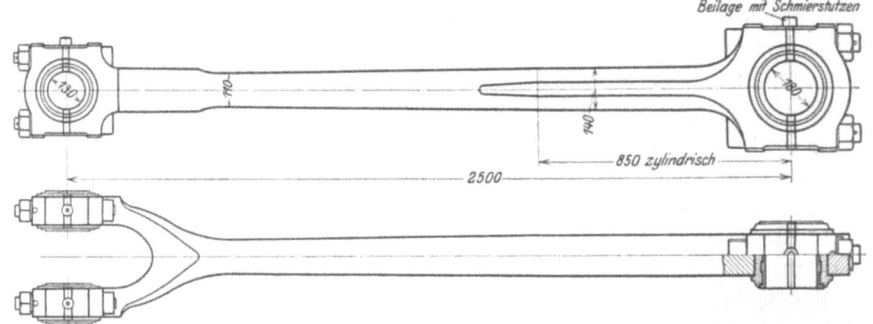

Fig. 8 und 9. Schubstange der Schiffsmaschine des bad. Dampfers „Stadt Überlingen."

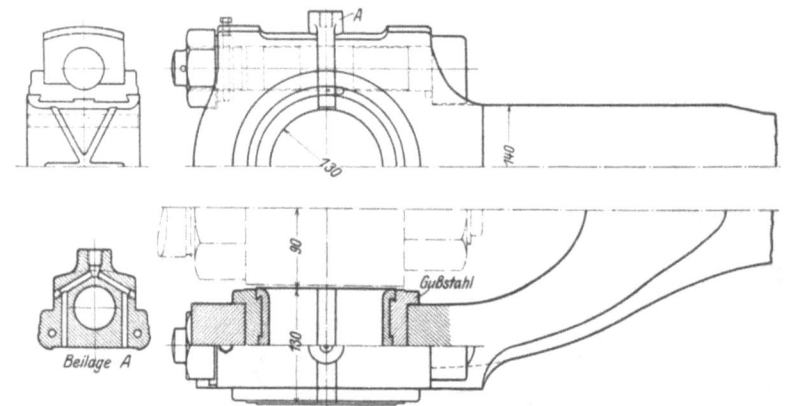

Fig. 10. Kreuzkopfende der Stange Fig. 8 und 9. (Kreuzkopf siehe Fig. 71 bis 73.)

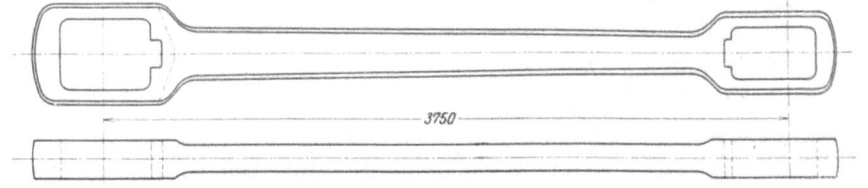

Fig. 11. Schubstange der liegenden, elektrisch angetriebenen Gebläsemaschine. 1650 Zyl.-ϕ. 1500 mm Hub. (Elsässische Maschinenbaugesellschaft, Mülhausen i. E.)

Bei den offenen Köpfen doppeltwirkender Maschinen sind zunächst die Verbindungsschrauben auf Zug zu berechnen, und zwar mit Rücksicht darauf, daß die Schrauben eine gewisse Vorspannung erhalten, die größer ist als die von der Stangenkraft herrührende Spannung. Denn bei regelrechtem Betrieb der Maschine sollen die beiden Lagerhälften in den Teilfugen so stark aufeinander gepreßt sein, daß durch die Dehnung der Schrauben kein Klaffen dieser Fugen eintreten kann.

Besonders bei schnell laufenden Maschinen ist ferner zu beachten, daß die Beschleunigungsdrücke der Schubstange mit der Stangenkraft S eine Resultierende ergeben, die nicht in die Stangenmitte fällt und deshalb eine Verschiebung des Lagerdeckels verursachen kann.

Die Verbindungsschrauben sind deshalb so kurz wie möglich zu halten, damit die Gesamtdehnung gering ausfällt. Auch wählt man als Material gerne einen weichen Stahl von geringerer Dehnung, als für die Stangen selbst verwendet wird.

Mit Rücksicht auf diese Materialeigenschaften sind die Schrauben am Übergang in den Kopf unbedingt mit guter Abrundung anzuschließen, und es ist beim Zusammenbau besonders darauf zu achten, daß die Unterseiten der Schraubenköpfe und Muttern rund herum gleichmäßig und vollkommen aufliegen, damit eine Biegungsbeanspruchung der Schraube vermieden wird.

Besonders bei Pumpmaschinen, wo die Höchstbeanspruchung leicht mit einem Stoß im Gestänge verbunden ist, sind Unfälle durch Abplatzen der Schraubenköpfe möglich. Die Muttern sind gut zu sichern, da ihre Lockerung fast immer den Bruch der Schrauben verursacht.

Um eine Verschiebung der beiden Lagerhälften gegeneinander zu verhindern, müssen die Schraubenschäfte in der Stange und dem Deckel sorgfältig eingepaßt werden. Dies braucht aber nicht auf der ganzen Länge zu geschehen. Es genügt ein genaues Passen am Kopf, unter der Mutter und in der Mitte (vgl. Fig. 12). Dazwischen wird der Schraubenschaft meist etwas eingedreht, wodurch das genaue Einpassen dieser drei Stellen wesentlich erleichtert und bewirkt wird, daß der schwächste Querschnitt nicht innerhalb des Gewindes liegt. Bei den erwähnten Eindrehungen sind alle scharfen Übergänge sorgfältig zu vermeiden.

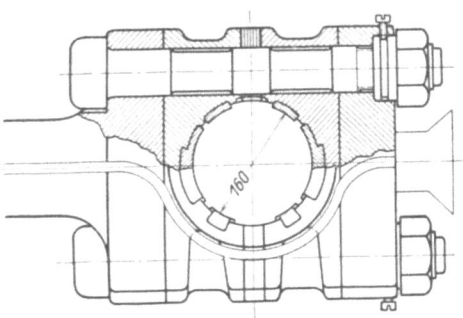

Fig. 12. Marinekopf einer am Kreuzkopfende gegabelten Schubstange von Blohm & Voss, Hamburg.

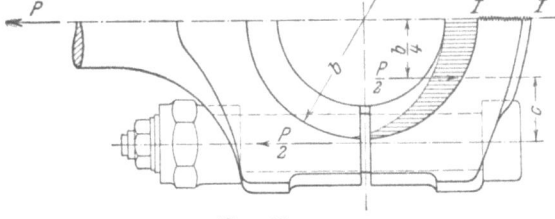

Fig. 13.

Für die Berechnung des Deckels eines offenen Schubstangenlagers muß zunächst eine Annahme über die Verteilung der Kraft S über die Lagerschale getroffen werden.

Man rechnet zumeist so, daß die Kraft S über die Grundfläche der Lagerschale gleichmäßig verteilt angenommen wird. Es ergibt sich dann für den Querschnitt $I-I$ mit den Bezeichnungen der Fig. 13 ein Biegungsmoment

$$M_b = \frac{P}{2} \cdot c,$$

das der Berechnung dieses Querschnittes zugrunde gelegt wird. Vorausgesetzt wird hierbei, daß die Lagerschale im Deckel gleichmäßig anliegt, was bei sorgfältiger Ausführung um so eher der Fall sein wird, wenn die Schale selbst im Querschnitt $I-I$ kein beträchtliches Widerstandsmoment besitzt.

Obige Annahme der Druckverteilung wird in den meisten Fällen nicht der Wirklichkeit entsprechen, da der Druck gegen die Teilfuge hin bis auf 0 abnimmt. Der Wert $\frac{b}{4}$ wird also etwas zu groß sein. Anderseits wird aber meist die Festigkeit der Schale selbst vernachlässigt, was einer Vergrößerung dieses Hebelarmes entspricht.

Für die zulässigen Spannungen im Querschnitt $I-I$ gilt die Überlegung, daß die Spannungen nicht wechseln, sondern nur von 0 bis zum Höchstwert ansteigen. Die zulässige Beanspruchung wird gewöhnlich mit 600 kg/qcm eingesetzt.

Es ist noch zu beachten, daß der Querschnitt $I-I$ bei gedrehten Stangen kein Rechteck darstellt. Für die genauere Berechnung (vgl. Fig. 14) kann der Bogen BAB als Parabel angesehen werden, dann ist Querschnitt

$$F = bh + \tfrac{2}{3} b h' = b(h + \tfrac{2}{3} h')$$

$\xi =$ Abstand des Schwerpunktes G von $BB =$

$$\frac{\dfrac{bh^2}{2} - \tfrac{2}{3} b h' \cdot \tfrac{2}{5} h'}{bh + \tfrac{2}{3} b h'} = \frac{15 h^2 - 8 h'^2}{30 h + 20 h'}$$

und $J = \dfrac{b h^3}{3} + \dfrac{16}{105} b h'^3 - (bh + \tfrac{2}{3} b h') \xi^2$

$$= b \left[\frac{h^3}{3} + \frac{16}{105} h'^3 - (h + \tfrac{2}{3} h') \xi^2 \right]$$

Die Spannungsverteilung in geschlossenen Schubstangenköpfen ist je nach der Form des Kopfes außerordentlich verschieden und wechselnd. Die genaue Ermittelung ist ziemlich zeitraubend und wird wohl nur selten ausgeführt werden. Immerhin ist es lehrreich, an einzelnen Formen die Art der Verteilung zu kennen, um Schlüsse auf die Verteilung in ähnlich geformten Köpfen ziehen zu können. Bezüglich der genauen Untersuchung sei hier auf die Veröffentlichungen der Herren Prof. A. Watzinger und T. Matsumura in der Zeitschrift des Vereins deutscher Ingenieure 1909 S. 1033 und 1911 S. 560 u. ff. verwiesen. Matsumura geht in folgender Weise vor:

Fig. 15 stelle einen geschlossenen Schubstangenkopf dar, der irgendeine Gestalt haben mag. Ein rechtwinkliges Koordinatensystem sei so gelegt, wie es aus Fig. 15 ersichtlich ist.

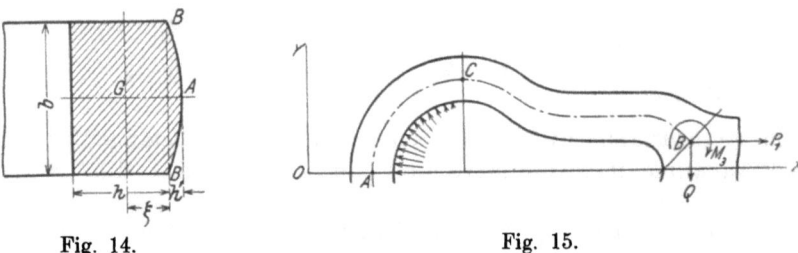

Fig. 14. Fig. 15.

Im Mittelquerschnitt A wird eine Änderung des Neigungswinkels der Mittellinie nicht hervorgerufen, sofern die äußeren Kräfte symmetrisch zur Mittellinie der Schubstange wirken. Dies ist unter Voraussetzung des gleichmäßigen Anliegens der Lagerschale der Fall. Im Querschnitt B am Übergange des Stangenkopfes in den Stangenschaft dürften die Winkeländerung $\varDelta \varphi_1$ und die Verschiebung $\varDelta y_1$ nur sehr gering sein und praktisch vernachlässigt werden können. Mithin sei angenommen, daß $\varDelta \varphi_1$ und $\varDelta y_1$ bei B gleich Null sind.

Nun setze man voraus, daß der halbe Bügel ACB ein bei A eingespannter und am Ende B freier Balken ist und in folgender Weise belastet wird:

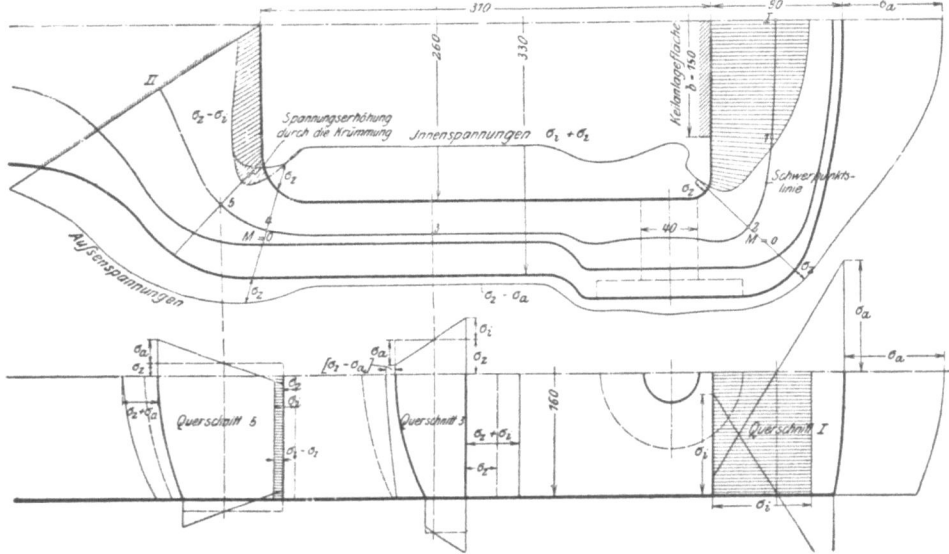

Fig. 16 und 17. Kopf für Kurbelseite mit Keilstellung außen. Material Schmiedeeisen. Größte Stangenkraft $P_{max} = 30\,700$ kg.

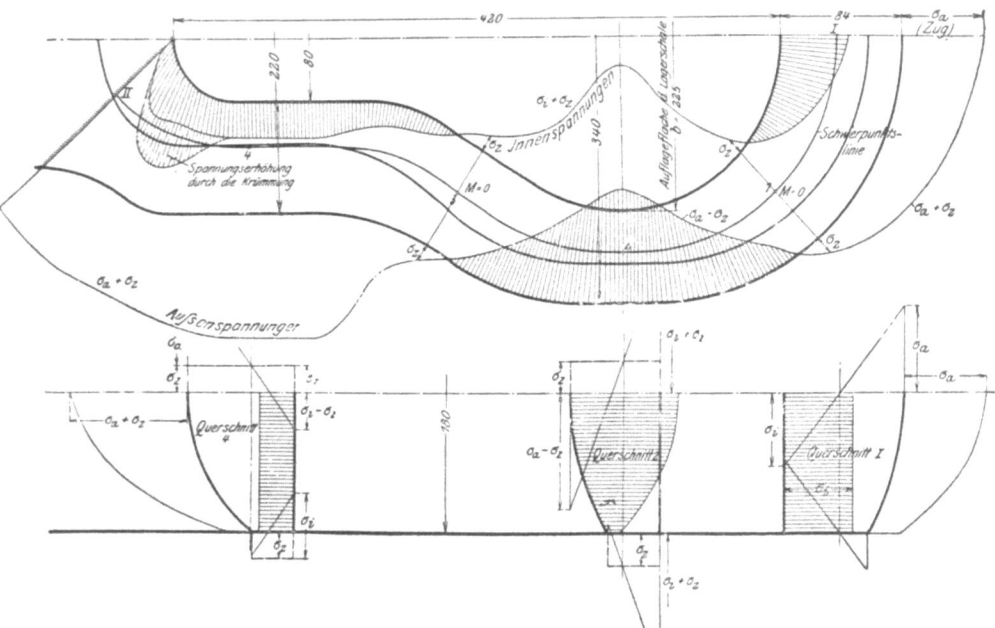

Fig. 18 und 19. Kopf für Kreuzkopfseite mit Keilnachstellung innen. Material Stahl. Größte Stangenkraft $P_{max} = 37\,400$ kg.

Resultierende Spannungen in den Innen- und Außenfasern der Kopfquerschnitte. Zugspannungen von der Umfangslinie aus nach außen abgetragen, Druckspannungen nach innen und durch Strichelung hervorgehoben.

a) Die Kraft P_1, welche der Hälfte der Stangenkraft gleich ist, greift im Punkte B parallel OX an; die vom Zapfendruck herrührende Kraft wirkt auf einen gewissen Teil der inneren Fläche des Balkens verteilt. M_1 sei das durch diese Kräfte für einen beliebigen Querschnitt verursachte biegende Moment.

b) Eine unbekannte Kraft Q greift im Punkte B parallel OY an. M_2 sei das durch Q für einen beliebigen Querschnitt verursachte biegende Moment.

c) Ein unbekanntes Moment M_3 wirkt im Punkte B im Sinne des in Fig. 15 eingetragenen Pfeiles. Folglich wird jeder Querschnitt auf ACB vom gleichen Momente M_3 beansprucht.

Ist dann unter gleichzeitiger Wirkung von a), b) und c) $\Delta\varphi_1 = 0$ und $\Delta y_1 = 0$, so findet in bezug auf die Momentenverteilung kein Unterschied zwischen dem gedachten Balken und dem wirklichen Bügel statt.

Die Lösung der Aufgabe, d. i. die Ermittlung der unbekannten Größen Q und M_3, ist daher durch die Bedingung gegeben: **Die algebraische Summe der Winkeländerungen $\Delta\varphi_1$, die sich aus a), b) und c) ergeben, und ebenso die analoge algebraische Summe der Verschiebungen Δy_1, sollen gleich Null sein.**

Im weiteren wird dann in dem erwähnten Aufsatz gezeigt, wie auf zeichnerische Art die Biegungsmomente für die einzelnen Querschnitte und die zugehörigen Spannungen ermittelt werden können.

In ähnlicher Weise hat Prof. Watzinger in den seiner Veröffentlichung entnommenen Fig. 16 bis Fig. 19 die Spannungen ermittelt, und sehr anschaulich gezeigt, wie besonders bei Köpfen nach Fig. 18 die Spannungen rasch wechseln und in Querschnitten, in denen man solches nicht ohne weiteres erwartet, ganz erhebliche Biegungsbeanspruchungen auftreten können. Dabei ist zu beachten, daß z. B. in der Nähe des Querschnitts 3 Fig. 18 die Beanspruchungen in den meisten Fällen noch rascher wechseln werden, da meist die Begrenzung des Loches hier eine nach innen scharf vorspringende Ecke aufweist.

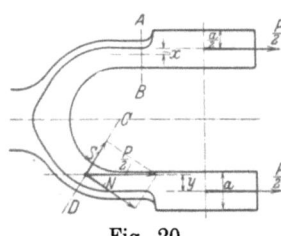

Fig. 20.

Für die Querschnitte $A-B$ und $C-D$ der gegabelten Schubstangenköpfe werden die Beanspruchungen mit den Bezeichnungen der Fig. 20 näherungsweise wie folgt ermittelt.

Auf den Querschnitt $A-B$ wirkt außer der abwechselnd als Zug und als Druck auftretenden Kraft $\frac{P}{2}$ das Biegungsmoment $\frac{P}{2} \cdot x$, wobei x den Schwerpunktsabstand des Querschnittes $A-B$ von der Wirkungslinie der Kraft bedeutet.

Die Summe der sich ergebenden Spannungen soll bei Flußeisen ≤ 300 kg/qcm gewählt werden.

Für den Querschnitt $C-D$ ergibt sich eine Beanspruchung durch die Normalkraft N, die Schubkraft S und das Biegungsmoment $\frac{P}{2} y$. Die genannten Kräfte greifen im Schwerpunkt von CD an. S kann vernachlässigt werden. Für die Summe der übrigen Spannungen ist wieder 300 kg/qcm als zulässiger Höchstwert anzusehen, mit Rücksicht darauf, daß die wirklichen Spannungen noch etwas höher ausfallen, weil es sich hier um einen Balken mit stark gekrümmter neutraler Achse handelt.

Wird die Verbindung des Kreuzkopfzapfens mit der gegabelten Stange genügend starr ausgeführt, so läßt sich die Rechnung ebenso durchführen, wie bei einem geschlossenen Schubstangenkopf.

II. Konstruktive Einzelheiten.

a) Allgemeine Formgebung.

Der Stangenkopf an der Kurbelseite wird entweder offen oder geschlossen ausgeführt. Der Stangenkopf an der Kreuzkopfseite kann offen, geschlossen oder gabelförmig gebaut werden.

Im gabelförmigen Ende sitzt der Kreuzkopfzapfen meist fest (Zapfengabel, Fig. 41), seltener ist die Gabel mit Lagerschalen für den im Kreuzkopf befestigten Zapfen versehen (Lagergabel, Fig. 10). Bei Stangen mit Lagergabel kann der Kreuzkopf sehr kurz gehalten, die Entfernung von Mitte Kolben bis Mitte Kreuzkopfzapfen und die Bauhöhe möglichst eingeschränkt werden.

Die Lager sollen derart gebaut sein, daß ihre Nachstellung keine erhebliche Änderung der Stangenlänge verursacht.

Für die Bearbeitung der Stange wird je nach der Maschinengattung, den Einrichtungen der Werkstätte, den Arbeitslöhnen und der herzustellenden Stückzahl Dreh- oder Fräsarbeit bevorzugt.

Für Massenherstellung kleinerer Stangen kommt auch Stahlguß oder Gesenkarbeit in Frage.

Bei kleineren, einfach wirkenden Maschinen, bei denen die Stangen nur auf Druck beansprucht werden, sind in manchen Fällen gußeiserne Stangen zulässig.

b) Die Form der Köpfe, die Lagerschalen und ihre Nachstellung.

1. Kurbelzapfenende.

Die Kurbelzapfenlager werden, abgesehen von ganz kleinen Ausführungen oder sehr langsam laufenden Maschinen, durchweg mit Weißmetall ausgegossen. Als Material für die Schalen wird Gußeisen, Stahlguß oder Bronze verwendet, letztere jedoch immer weniger, da der Hauptvorteil der Bronzeschalen, die innigere Verbindung des Weißmetalles mit der Schale, sich auch bei Stahlgußschalen durch gute vorherige Verzinnung erreichen läßt. Gußeisen ist aus diesem Grunde, abgesehen von den sich dabei ergebenden größeren Abmessungen, nicht so gebräuchlich.

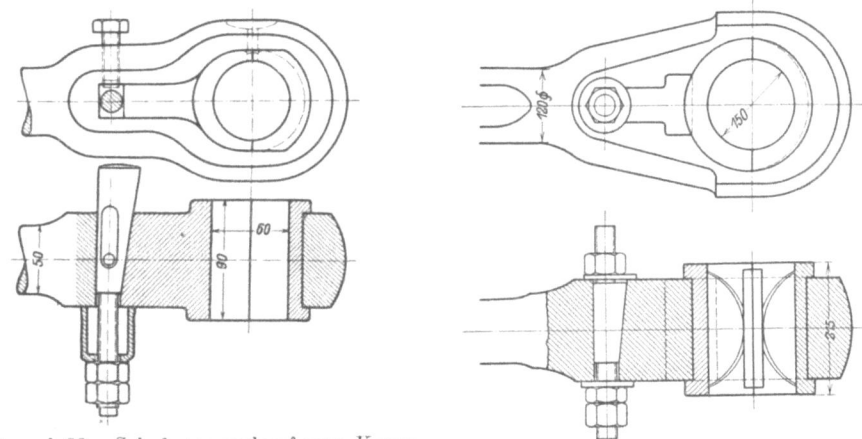

Fig. 21 und 22. Schubstangenkopf zum Kreuzkopf Fig. 104 bis 106.

Fig. 23 und 24.

In geschlossenen Stangenköpfen, die sich konstruktiv wenig von den geschlossenen Köpfen am Kreuzkopfende unterscheiden, werden die Schalen zylindrisch oder prismatisch eingepaßt (vgl. Fig. 21 bis 29). Die Nachstellung erfolgt fast ausnahmslos durch Keil, der entweder in der Richtung des Zapfens (Fig. 21 bis 24) oder senkrecht dazu (Fig. 28 u. 29) verschiebbar ist.

Letztere Anordnung ist vorzuziehen, da bei Keilen in der Zapfenrichtung das vorstehende Ende leicht zu Unfällen beim Nachfühlen des Lagers Veranlassung geben kann. Meist ist auch der Platz für die erstgenannte Anordnung gar nicht vorhanden. Weitere Nachteile siehe Seite 22.

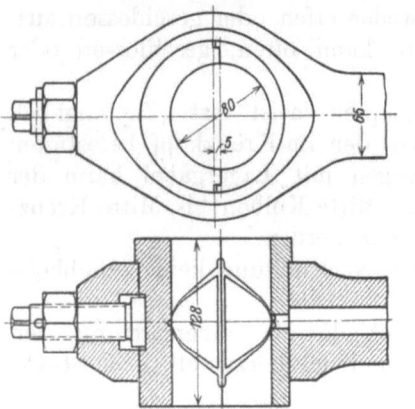

Fig. 25 bis 27. Kreuzkopfende der Schubstange eines schnellaufenden Dieselmotors 25 PS. (Gasmotorenfabrik Deutz, Cöln-Deutz.)

Werden die Schalen rund eingepaßt, was eine billigere Herstellung sowohl der Schalen wie des Stangenkopfes ermöglicht, so sind sie gegen Verdrehung zu sichern.

Geschlossene Köpfe zeigen Fig. 28 und 29, sowie die Stangen Fig. 11 und 30. Bei ersterer wird die Stangenlänge durch das Nachziehen nur in geringem Maße verändert, während bei der zweiten die auftretenden Abnutzungen eine Verlängerung der Stange verursachen. Bei der Stange Fig. 36 bis 38 tritt infolge der Abnutzung und Nachstellung der Schalen dagegen eine Verkürzung der Stangenlänge ein. Zu empfehlen sind die geschlossenen Köpfe für das Kurbelzapfenlager nur dann, wenn der Zapfen ohne äußeren Bund ausgeführt wird, und die Schalen und die Stange nur durch eine vorgesetzte Scheibe am Verschieben gehindert werden, da sonst das Ausbauen der Stange sehr erschwert ist.

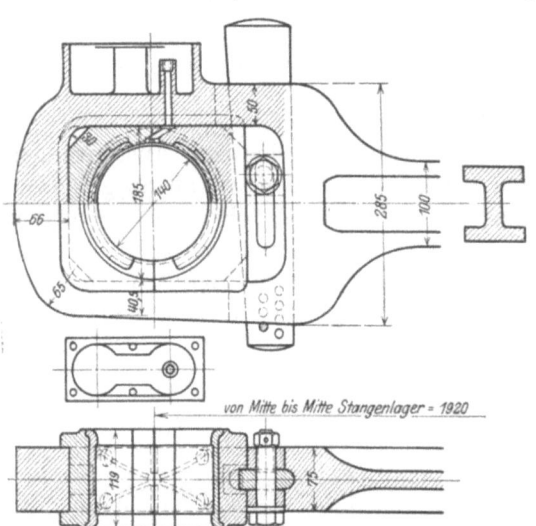

Fig. 28 und 29. Kopf der äußeren Triebstangen der Personenzugslokomotive 1·C·1 der Gr. Bad. Staatsbahn.

Zu erwähnen sind hier noch die Köpfe der Kuppelstangen von Lokomotiven, die oft nicht nachstellbar ausgeführt werden (Fig. 39 und 40). Die mit Weißmetall ausgegossene Lagerbüchse ist ungeteilt, wird in den Stangenkopf eingepreßt und nur durch eine Feder gegen Verdrehung gesichert.

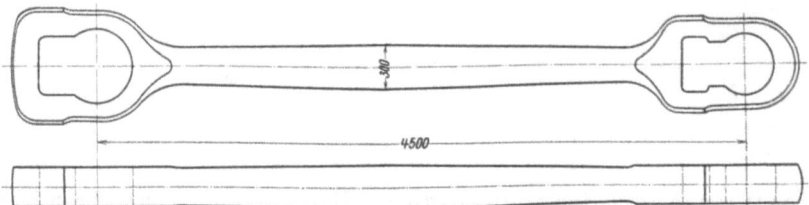

Fig. 30 und 31. Schubstange der Verbund-Gebläsemaschine 1300/2300 Zyl.-ϕ. 2000 Gebläse-ϕ. 1800 Hub. $P_{max} \cong 150000$ kg. $\mathfrak{S} \cong 17{,}3$. (Deutsche Maschinenfabrik A.-G., Duisburg.)

Der gebräuchlichste offene Schubstangenkopf ist der sogenannte Marinekopf (Fig. 41 u. 42). Die Schalen werden hier gegen Verdrehen sowohl durch die

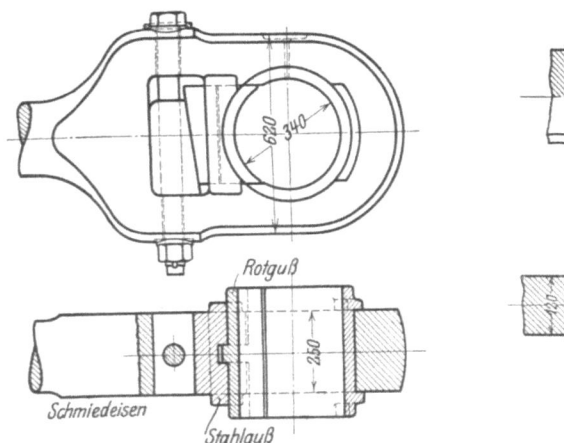

Fig. 32 und 33. Kreuzkopfende der Stange Fig. 30 und 31 (hierzu Kreuzkopf Fig. 95 bis 97). $p_{max} = 110$ kg/qcm.

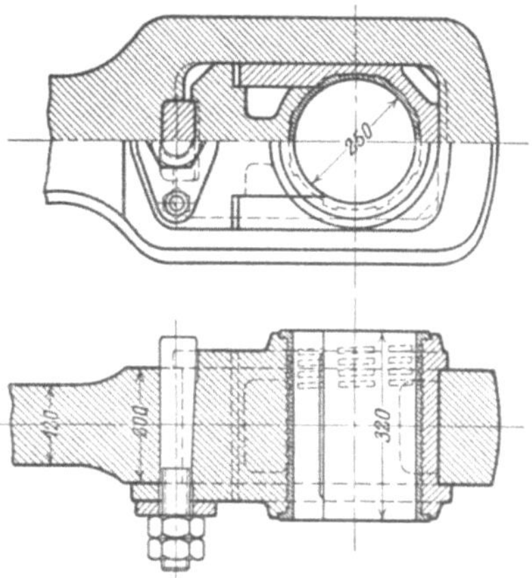

Fig. 34 und 35. Kreuzkopfende der Stange Fig. 11 (Kreuzkopf siehe Fig. 92 bis 94).

Verbindungsschrauben als auch durch die Zwischenlagen gehalten, die zweckmäßig aus einer dickeren Platte und einer Anzahl dünnerer Messingbleche bestehen.

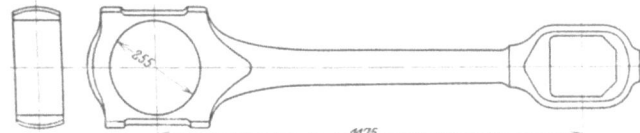

Fig. 36. Schubstange eines Dieselmotors 40 PS. (Gasmotorenfabrik Deutz, Cöln-Deutz.)

Bei der Stange Fig. 8—10 ist die dicke Zwischenlage mit einem Stutzen zur Schmierung des Zapfens versehen.

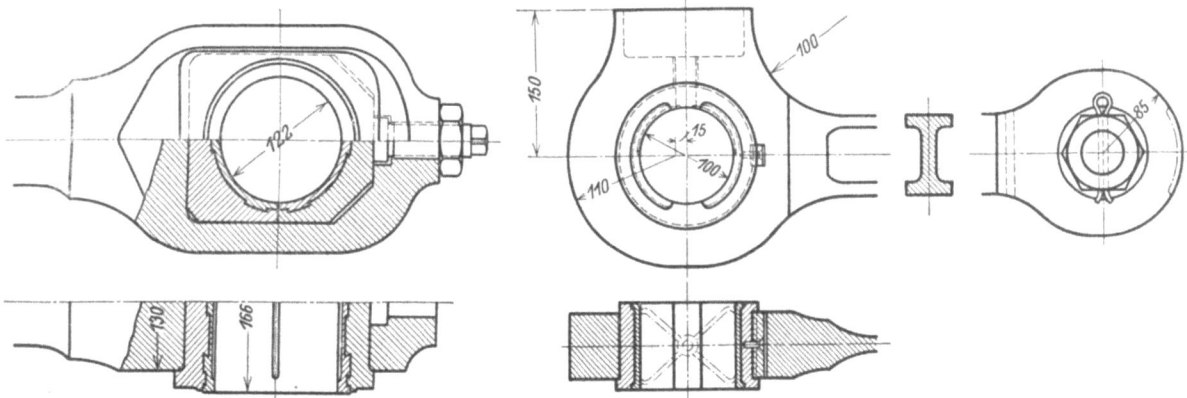

Fig. 37 und 38. Kreuzkopfende der Stange Fig. 36.

Fig. 39 und 40. Kopf der hinteren Kuppelstangen. (Personenzuglokomotive 1·C·1 der Gr. Bad. Staatsbahn.)

Zweckmäßig ist es, den Stangenkopf vor dem Abtrennen des Deckels auszubohren und die Zwischenlage wesentlich stärker zu halten, als für die Ausfüllung der Schnittfuge erforderlich wäre. Werden die Schalen dann mit zwischengelegter

16   Schubstangen.

Beilage ausgedreht, so fallen sie in der Mitte stärker aus als in der Schnittfuge und gestatten ein näheres Zusammenrücken der Verbindungsschrauben. Letztere müssen sowohl im Deckel wie in der Stange gut eingepaßt werden, da sie

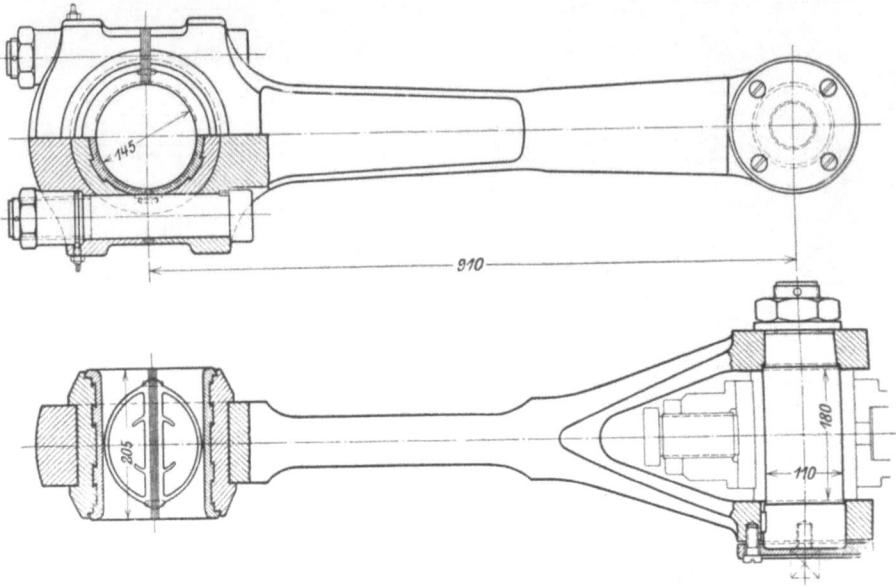

Fig. 41 und 42. Schubstange zur liegenden Einkurbelverbundmaschine. 290/480 Zyl.-ϕ, 350 Hub, $n = 250$. (Hannoversche Maschinenbau-Akt.-Ges. vorm. Georg Egestorff, Hannover-Linden.)

auch die (besonders bei hohen Geschwindigkeiten und schweren Deckeln beträchtlichen) Kräfte, die eine Verschiebung des Deckels senkrecht zur Stangenrichtung verursachen könnten, aufzunehmen haben. Die kleinen Stifte, die zum Festhalten der Beilagen dienen, sind dazu erfahrungsgemäß nicht geeignet. Es

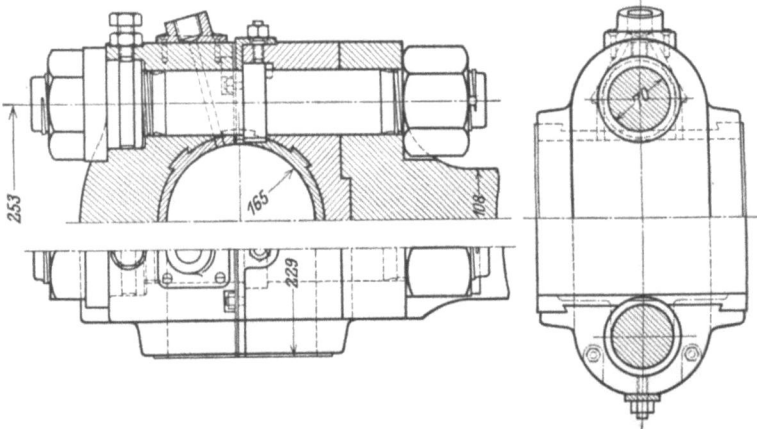

Fig. 43 bis 45. Kurbelzapfenlager der Schiffsmaschine des Bodenseebootes „Kaiser Wilhelm". (Gebrüder Sulzer, Winterthur.)

genügt aber, wenn die Bolzen, wie Fig. 10 zeigt, an einzelnen Stellen gut eingepaßt sind und dazwischen etwas abgesetzt werden. Sind die Löcher nicht ganz sorgfältig geschlichtet worden, so „frißt" der Bolzen sonst leicht beim Einpassen.

Fig. 12 zeigt eine Ausführungsform für schwere Stangen, bei der die Lagerschalen mit ebenen Flächen zwischen das Stangenende und den Deckel geklemmt werden. Die Verwendung von Stahlgußschalen mit Weißmetallfutter gestattet eine unter

Umständen beträchtliche Gewichtsersparnis. Noch leichter wird der Stangenkopf, wenn auf die äußere Lagerschale verzichtet wird und der Deckel selbst den Weißmetallausguß erhält, Fig. 43 bis 45, wie dies besonders bei raschlaufenden Verbrennungsmotoren meist der Fall ist. Oft geht man noch einen Schritt weiter und gibt auch der Stange selbst den Weißmetallausguß, da bei den kleinen Abmessungen der Stange ein Neuausgießen nicht schwieriger ist, als wenn bloß die Schalen ausgegossen werden.

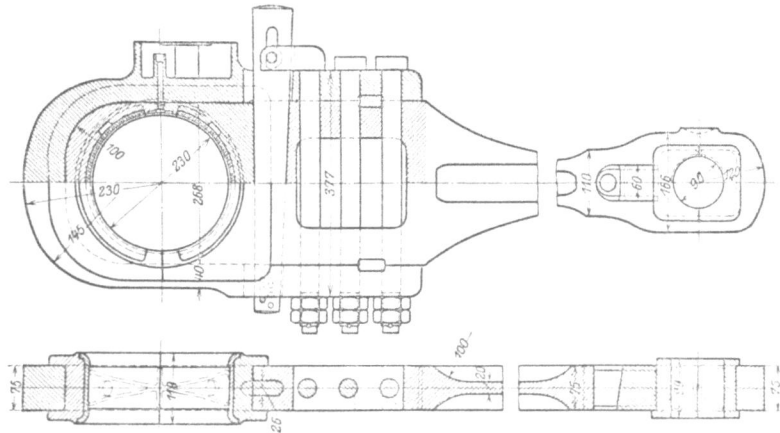

Fig. 46 und 47. Innere Triebstange der Personenzugslokomotive 1·C·1 der Gr. Bad. Staatsbahn (von Mitte zu Mitte 1920 mm lang). Kreuzkopf siehe Fig. 109 bis 111.

Eine weitere gebräuchliche Hauptform der Kurbelzapfenlager zeigt Fig. 46 und 47. Die Schalen werden durch einen über das Stangenende gezogenen Bügel gehalten. Die Nachstellung erfolgt durch Keil, während der Bügel selbst mit der Stange fest verschraubt und durch Federn gesichert ist.

Der Bügel und die äußere Schale sind so leicht wie möglich zu bemessen, um Beanspruchungen der Verbindung mit der Stange durch die Fliehkräfte dieser Teile tunlichst gering zu halten.

2. Kreuzkopfzapfenende.

An der Kreuzkopfseite erhält die Schubstange meist einen geschlossenen Kopf oder eine Zapfengabel. Für das Kreuzkopfende kommen ferner noch Marineköpfe und Lagergabeln (Fig. 8) in Betracht. Die Lager der geschlossenen Köpfe sind ganz ähnlich gestaltet wie bei den Lagerkreuzköpfen und werden daher unten besprochen. Über die Befestigung der Zapfen in gegabelten Stangen ist folgendes zu bemerken:

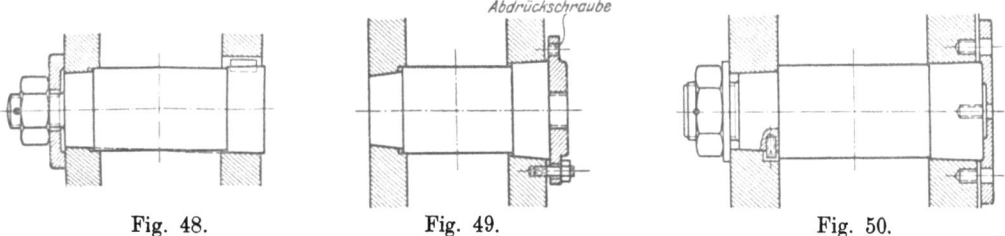

Fig. 48. Fig. 49. Fig. 50.

Das Einpassen des Zapfens geschieht meist mit kegelförmigen Enden nach Fig. 48 bis 54[1]). Aus den Figuren ist auch die Art der Sicherung des Bolzens gegen Verdrehung und seitliche Verschiebung zu erkennen.

---

[1]) Fig. 48 bis 56, 79 bis 81 und 107 bis 108 nach C. Volk, Maschinenteile. Fortschritte und Neuerungen. „Z. d. Ver. deutsch. Ing." 1908, S. 488.

Werden beide Paßflächen mit dem gleichen Kegelmantel ausgeführt, so ergibt sich bei längeren Bolzen für das dickere Ende ein oft unerwünscht großer Durchmesser und eine dementsprechend starke Schwächung des Auges der Stange.

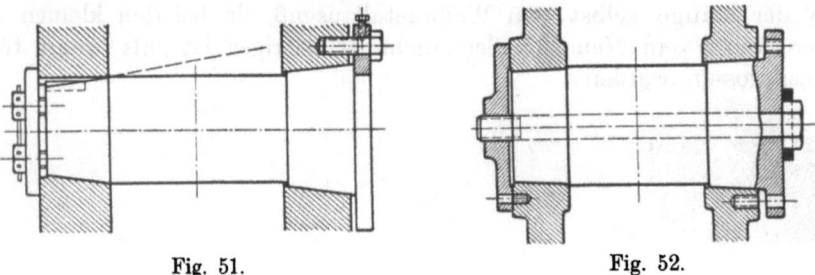

Fig. 51.   Fig. 52.

Der Vorteil, daß beide Paßflächen ohne Verstellung des Stahles ausgebohrt werden können, ist dabei von geringer Bedeutung, da es sich nur um eine parallele Verschiebung handelt, wenn die Paßflächen nicht in dem gleichen Kegelmantel liegen.

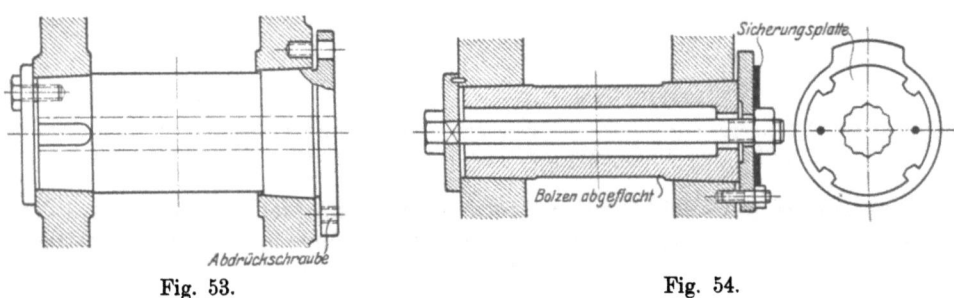

Fig. 53.   Fig. 54.

Werden die Zapfen mit zylindrischen Paßflächen in die Stange eingesetzt, so geschieht die Befestigung meist durch Festklemmen (Fig. 57). Fig. 58 zeigt eine Befestigung durch geschlitzte Spannhülsen, die besonders bei großen Zapfenabmessungen angewendet wird.

Da die Zapfen meist gehärtet und geschliffen werden, ist in allen

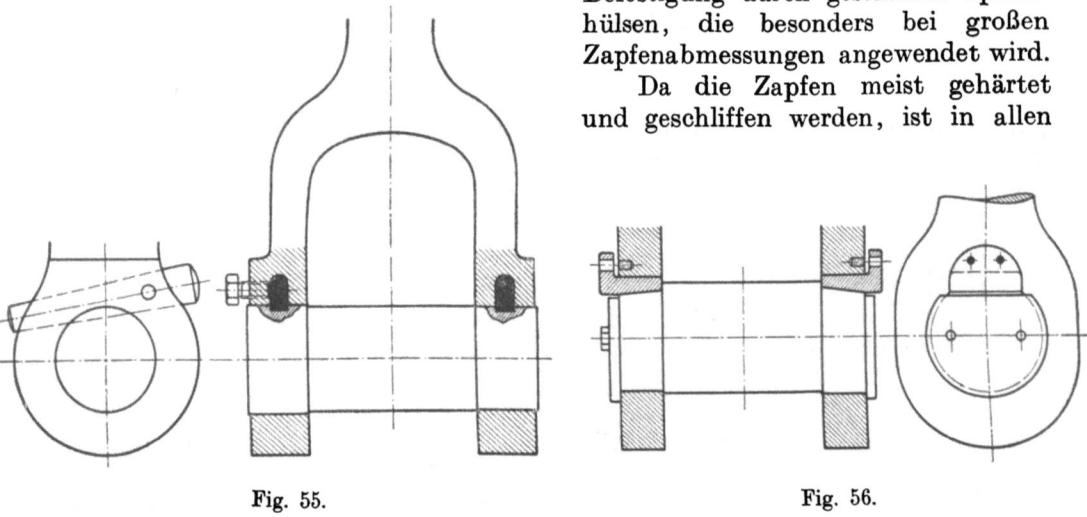

Fig. 55.   Fig. 56.

Fällen darauf zu achten, daß es möglich sein muß, den Zapfen auf der ganzen Länge, die mit der Lagerschale in Berührung kommt, zu schleifen; somit ist die Form der zur Verwendung kommenden Schmirgelscheiben wegen der durch sie be-

Kreuzköpfe. Allgemeines.

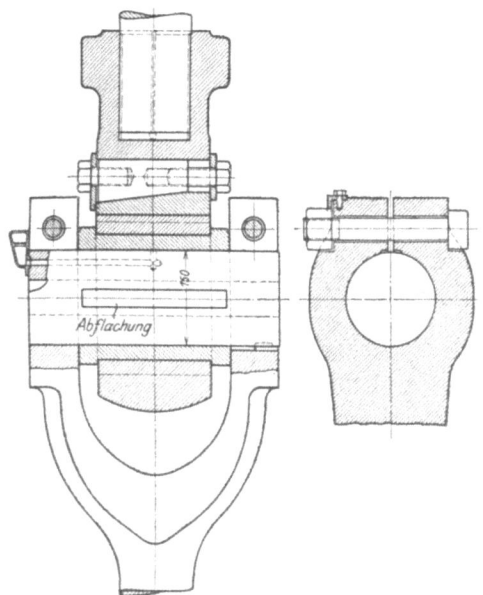

dingten unvermeidlichen Hohlkehle am einen Ende der Schleiffläche zu berücksichtigen. Ferner dürfen die Kanten des dickeren Zapfenteiles auch beim Einpassen des Zapfens nicht aus dem Stangenauge heraustreten. Auf dieser Seite muß deshalb die Lauffläche des Zapfens stets etwas in das Stangenauge hineinragen. (Vgl. Fig. 48 bis 53.)

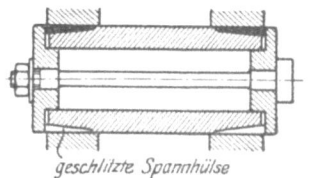

Fig. 58.

Fig. 57. Kreuzkopf und Gabelstange der stehenden Verbunddampfmaschine. 680/1100 Zyl.-ϕ, 700 Hub. $n = 125$.
Kreuzkopfzapfen: $p_{max} \simeq 70$ kg/qcm.
(Haniel & Lueg, Düsseldorf.)

C. Kreuzköpfe.

a) Allgemeines.

Man unterscheidet zwei Hauptformen von Kreuzköpfen, je nachdem der Kopf den Zapfen oder das Lager trägt (Zapfenkreuzkopf und Lagerkreuzkopf).

Der Zapfenkreuzkopf (Fig. 59 bis 62) ist meist mit einem an beiden Enden be-

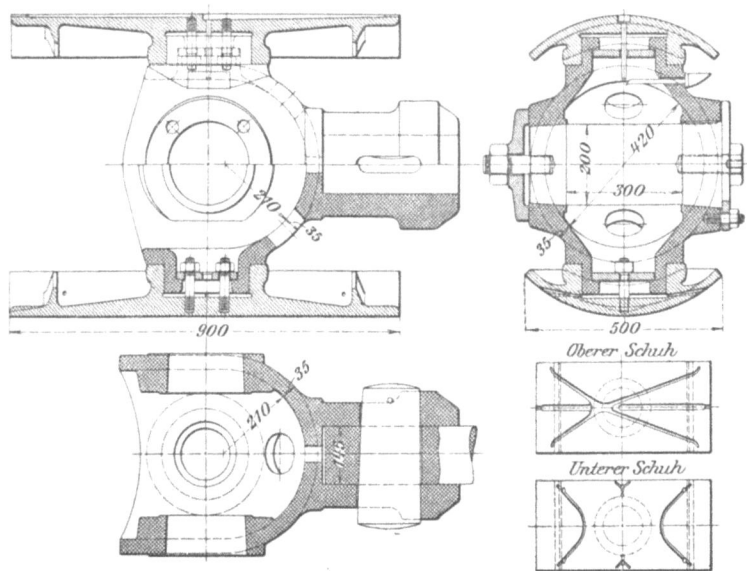

Fig. 59 bis 62.

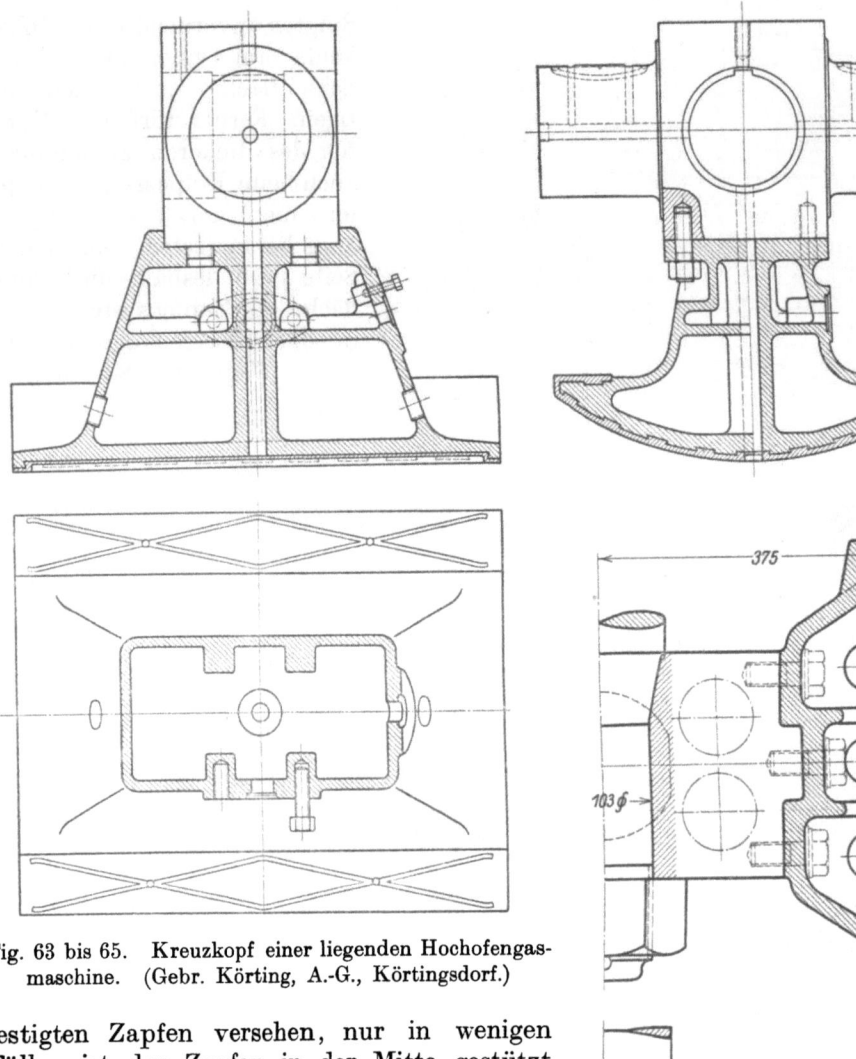

Fig. 63 bis 65. Kreuzkopf einer liegenden Hochofengasmaschine. (Gebr. Körting, A.-G., Körtingsdorf.)

festigten Zapfen versehen, nur in wenigen Fällen ist der Zapfen in der Mitte gestützt oder besteht aus zwei Stirnzapfen (Fig. 63 bis 65). Zu einem derartigen Kreuzkopf gehört dann eine Schubstange mit Lagergabel (Fig. 10).

Auf die Formgebung ist ferner von Einfluß die Art der Gleitbahn. Meist ist eine zweiseitige zylindrische Führung vorhanden, doch kommen auch einseitige zylindrische Gleitbahnen (Fig. 64), einseitige oder zweiseitige ebene Bahnen mit zwei (Fig. 66 bis 67), drei (Fig. 74 bis 76) oder vier (Fig. 71 bis 73) Gleitflächen vor. In bezug auf die Formgebung sei auch auf die Fig. 91, 107 und 108 verwiesen.

Kleinere Zapfenkreuzköpfe werden aus Gußeisen, größere aus Stahlformguß hergestellt.

Die Lagerkreuzköpfe werden meist aus Stahl geschmiedet. Bei Schiffsmaschinen bestehen der Kopf und die Kolbenstange häufig aus einem Stück (Fig. 85).

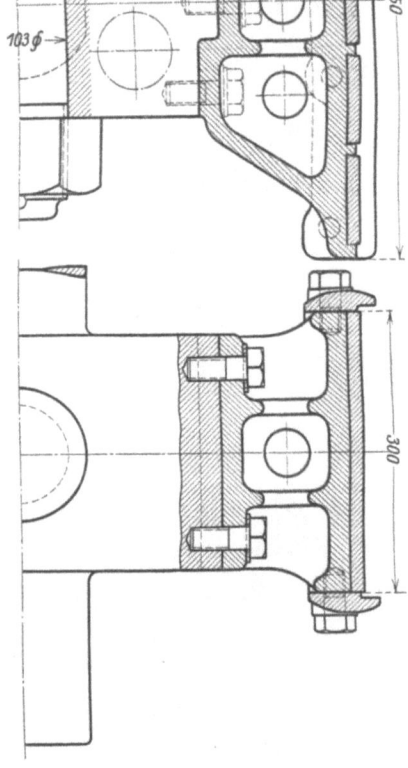

Fig. 66 und 67. Geschmiedeter Kreuzkopf mit Stahlgußgleitschuh. (Blohm & Voß, Hamburg.) Zum Gewichtsausgleich werden die Kreuzköpfe der Niederdruckmaschinen wie strichpunktiert ausgebohrt.

b) Befestigung des Zapfens im Kopf.

Diese erfolgt ähnlich wie bei gegabelten Schubstangen. Siehe namentlich Fig. 50 bis 62.

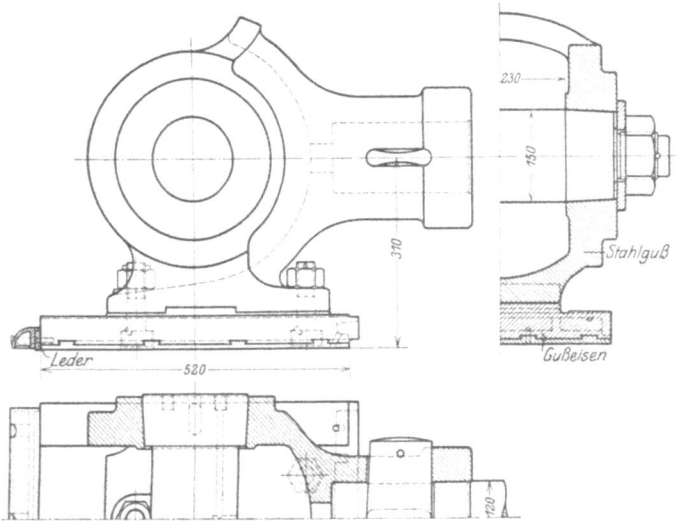

Fig. 68 bis 70. Kreuzkopf der stehenden Dreizylindermaschine. 600/970/1420 ⌀. 750 Hub.

c) Lagerschalen und Nachstellung bei Lagerkreuzköpfen.

(Diese Ausführungen gelten auch für die Lager im Kreuzkopfende geschlossener Schubstangenköpfe.)

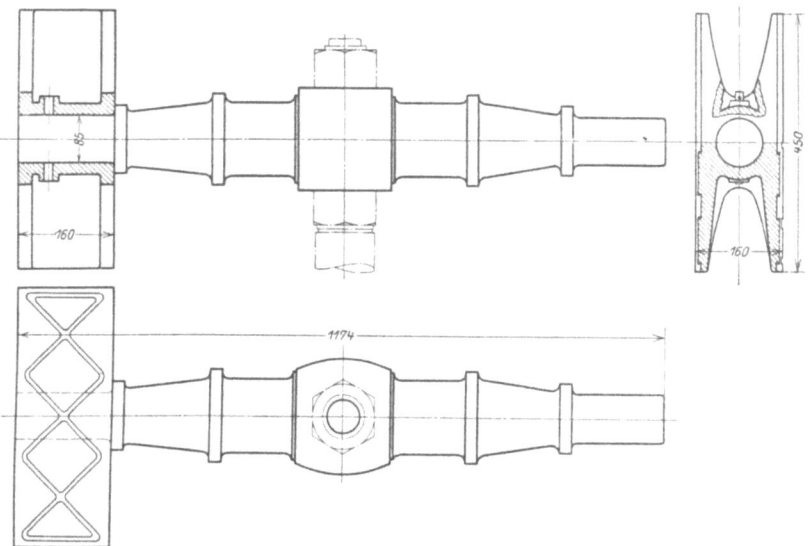

Fig. 71 bis 73. Schiffsmaschinenkreuzkopf. (Badischer Dampfer „Stadt Überlingen".)

Die Lagerschalen werden sowohl zylindrisch als auch prismatisch eingepaßt. In letzterem Falle werden die Ecken der Schale meist abgeschrägt (vgl. Fig. 85), um eine günstigere Form des Kopfes zu erhalten. Bei runden Schalen muß die nachstellbare Schale eine Druckfläche für den Keil oder die Druckschraube erhalten und dementsprechend verstärkt werden (vgl. den Stangenkopf Fig. 25 bis 27).

Die Ausführung mit runden Schalen hat stets den Nachteil, daß die Schale nach dem erstmaligen Nachstellen die Anlageflächen verliert, wenn sie auch noch so sorgfältig im Kopf eingepaßt war. Bei diesen Schalen ist deshalb im Betriebe ganz besonders darauf zu achten, daß sie in der Teilfuge fest aufeinander gepreßt bleiben. Es darf daher an dieser Stelle stets nur so viel nachgearbeitet werden oder von den Beilagen entfernt werden, daß bei fest angezogener Nachstellvorrichtung der Zapfen in den Schalen noch genügend Spiel hat.

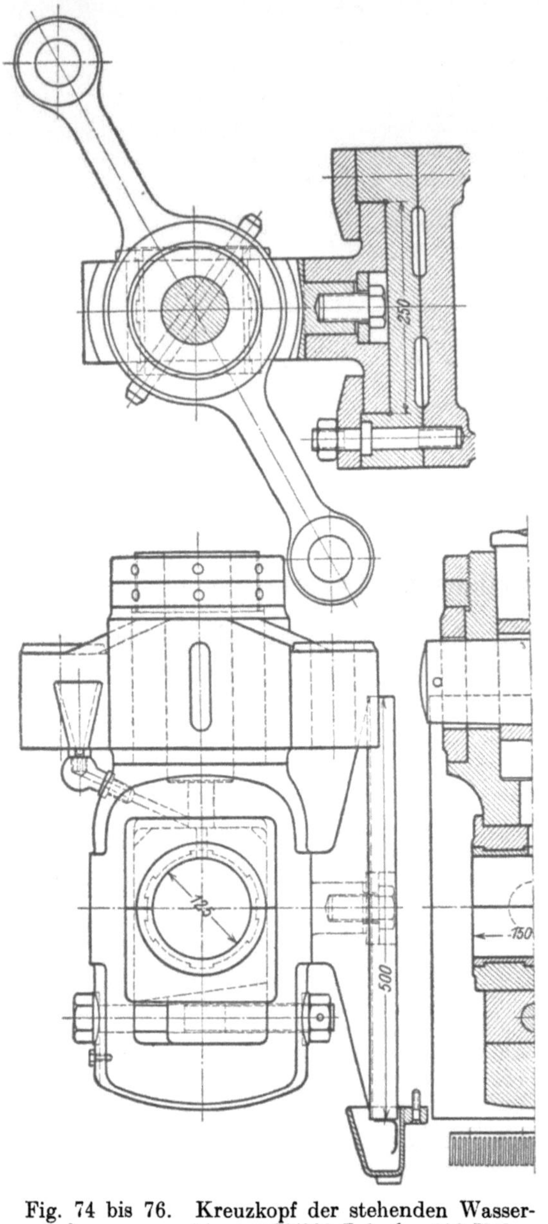

Bei rechteckig eingepaßten Schalen ist dies nicht von solcher Bedeutung, wenn auch hier als Regel gelten soll, daß die Schalen fest aufeinander gepreßt sein müssen.

Zur Nachstellung dienen, wie schon erwähnt, Keile oder Druckschrauben.

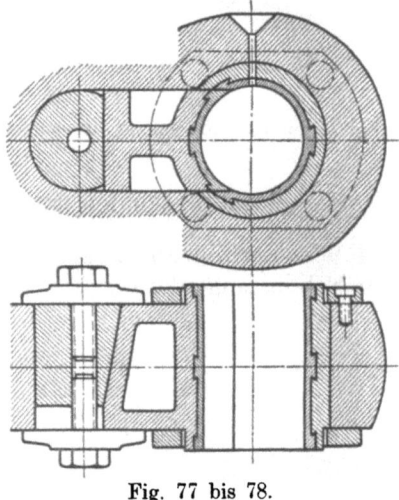

Fig. 77 bis 78.

Fig. 74 bis 76. Kreuzkopf der stehenden Wasserwerkspumpmaschine. 580/890 Zyl.-ϕ. 600 Hub. (Maschinenfabrik Cyclop, Mehlis & Behrens, Berlin-Wittenau.)

Die Keile werden entweder in der Richtung der Zapfenachse oder quer dazu nachgestellt (Fig. 57 und 74). Im ersten Fall ist darauf zu achten, daß die Unterlegscheibe oder Kappe unter der Mutter richtige und genügende Auflagerfläche hat, damit ein Schrägstellen vermieden wird. Für den zweiten Fall werden Keile nach Fig. 28 oder Fig. 74 verwendet, erstere nur bei kleineren Ausführungen, da bei größeren Kräften der Flächendruck zwischen Keil und Lagerschale zu groß ausfällt. Bei Keilen nach Fig. 74 ist auf genaues Einpassen zu achten, damit der Schraubenbolzen ohne übermäßiges Spiel aber doch so durch den Kopf geführt ist, daß er keine Biegungsbeanspruchung erhält. Die Fläche, mit der der Keil am Kreuzkopf anliegt, muß also besonders genau und sauber bearbeitet werden.

Daß der Schraubenbolzen nur geringes Spiel in den Löchern des Kopfes haben darf, geht daraus hervor, daß meist der Keil nur durch diesen Bolzen an seitlicher Verschiebung verhindert wird und seinerseits auch wieder die nachstellbare Schale wenigstens nach einer Seite hin an der Verschiebung hindern muß.

Wird der Keil in Richtung der Zapfenachse nachgestellt, so soll die schräge Seite desselben nicht dem Zapfen zugekehrt sein. Auch bei mäßigem Anzugswinkel wird sonst die Schale, falls sie nicht durch übergreifende Ränder (siehe Fig. 77) festgehalten wird, an der Schräge des Keiles entlang gleiten, sich mit einem Rand fest gegen den Kreuzkopfkörper (oder das Gabelende der Schubstange) legen und infolge der eintretenden Abnutzung seitlich so viel Spiel erhalten, daß dadurch ein Klopfen im Lager eintreten kann. Für Ausführungen nach Fig. 21 und 22 sind deshalb besondere Vorrichtungen zu empfehlen, die ein seitliches Wandern der Schale verhindern.

Die Nachstellung des Kreuzkopflagers durch Druckschraube mit Gegenmutter zeigen Fig. 26, 42 und 116. Die Baulänge wird dadurch wesentlich vermindert.

Ist am Kurbelzapfen ein Lager nach Fig. 41, so erfolgt die Nachstellung in ungünstiger Weise, denn sowohl Schubstange wie Kolbenstange mit Kreuzkopf werden beide durch das Nachziehen der Lager verkürzt. Daß bei neuen Maschinen erster Firmen trotzdem diese Bauart wieder aufgenommen wurde, beweist die Güte und Zweckmäßigkeit der verwendeten Lagermetalle, die eben ein Nachstellen nur äußerst selten und in geringem Maße erfordern.

Fig. 37 und 38 zeigen dieselbe Nachstellung durch Druckschraube am Kreuzkopfende einer Schubstange. Die Druckschraube ist verhältnismäßig schwach ausgeführt, da es sich um die Stange eines einfachwirkenden Dieselmotors handelt, die obere Schale somit nur geringe Kräfte zu übertragen hat.

Die Schalen sind entweder Bronzeschalen oder Schalen mit Weißmetallausguß.

Die Weißmetallager bieten Bronzeschalen gegenüber den Vorteil, daß sie weniger empfindlich sind gegenüber Staub oder kleinen Verunreinigungen des Öles. Letztere lassen sich besonders bei stehenden Maschinen dann nicht ganz vermeiden, wenn das Öl aus dem Ölrohr frei in die am Kreuzkopf angebrachten Ölfänger fällt.

Kommen auf diese Weise Verunreinigungen in ein Lager mit Bronzeschalen, so ist eine heftige Erwärmung wenigstens einzelner Stellen die Folge, die bei ungenügender Beaufsichtigung ein Heißlaufen des Lagers fast unausbleiblich macht. Die Bronzeschalen haben dabei noch die besonders unangenehme Eigenschaft, daß nach einem solchen Unfall das Lager nach dem Erkalten meistens nicht ohne weiteres wieder betriebsfähig ist, sondern erst nachgearbeitet werden muß. Es zeigt sich stets, daß das Lager nach dem Erkalten „kneift", d. h. die Bohrung der Schalen ist nicht mehr kreisrund, sondern der Durchmesser in der Teilfuge ist kleiner geworden. Zu erklären ist diese Erscheinung dadurch, daß durch die starke Erwärmung der inneren Schichten, der das außerhalb befindliche Material nicht schnell genug folgt und auch wegen der Abkühlung durch die bewegte Luft nicht folgen kann, die inneren Schichten einem starkern Druck ausgesetzt werden, der eine Verdichtung des Materiales bewirkt. Beim Erkalten folgt hieraus dann ein Zusammenziehen der Schale über den ursprünglichen Zustand hinaus. Ist das Lager fest angezogen — manche Maschinisten ziehen die Lagerschalen in solchem Falle noch im heißen Zustand so fest wie möglich zusammen —, so kann sich die Schale natürlich nur auf den Zapfen pressen. Daß aber eine viel weiter gehende Formveränderung nur zwangsweise verhindert wurde, beweisen dann die fast stets auftretenden Risse durch die Mitten der Schalen. Um Betriebsstörungen in solchem Falle tunlichst zu vermeiden, werden die Kreuzkopfzapfen manchmal seitlich abgeflacht (vgl. Fig. 54 und 57).

24 Kreuzköpfe.

Außer dem Übelstand, daß das Lager nachgearbeitet werden muß, ist weiterhin sehr störend, daß die Schalen seitlich nicht mehr in den Kreuzkopf passen, sondern der entstandene Spielraum häufig zu einem Kippen der Schalen und einem damit verbundenen Schlag Veranlassung gibt.

Als Nachteil der Weißmetallschalen wird angeführt, daß sie bei störungsfreiem Betrieb häufiger nachgezogen werden müssen als Bronzeschalen, da die Abnützung etwas größer ist.

d) Befestigung der Kolbenstange.

Die Kolbenstange wird meist zylindrisch oder mit schwachem Anzug eingepaßt und durch Keil, neuerdings auch wieder häufiger mit Gewinde im Kreuzkopf befestigt.

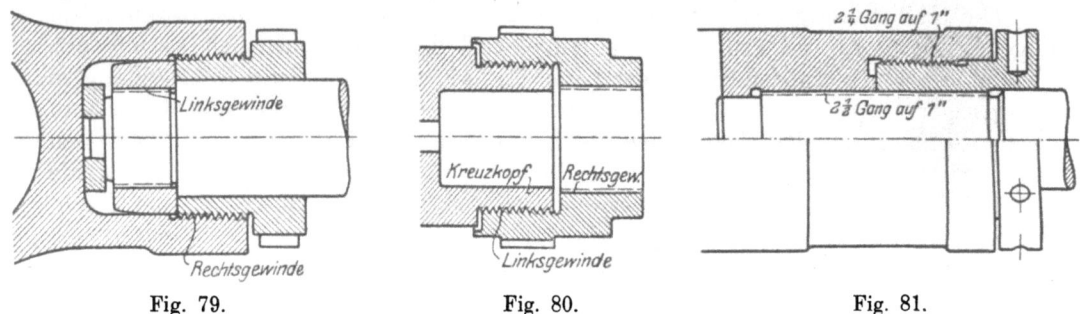

Fig. 79. Fig. 80. Fig. 81.

Die frühere beliebte Ausführung mit stark kegeligem Kolbenstangenende wird immer mehr verlassen. Nachteilig ist der größere Durchmesser des Kreuzkopfhalses, während die Baulänge etwas geringer wird.

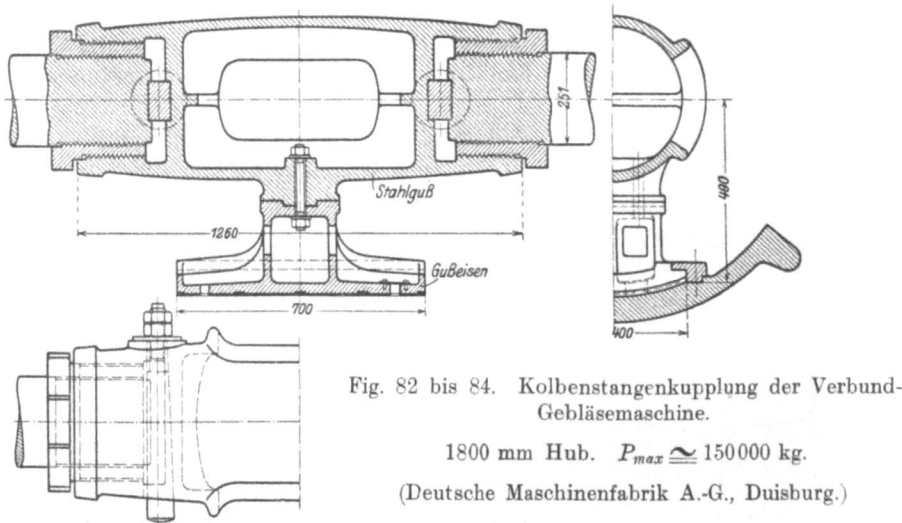

Fig. 82 bis 84. Kolbenstangenkupplung der Verbund-Gebläsemaschine.

1800 mm Hub. $P_{max} \simeq 150000$ kg.

(Deutsche Maschinenfabrik A.-G., Duisburg.)

Die zylindrisch eingesetzten Stangen stützen sich auf den Grund der Bohrung im Kreuzkopf. Diese Fläche ist deshalb sauber zu schlichten, was nicht immer mit genügender Sorgfalt geschieht. Die Ausführung mit schwachem Anzug hat sich aus der Gewohnheit vieler Drehereien, die Kolbenstange auf der Drehbank in den Kreuzkopf einzuschleifen, ergeben. Werden die Paßflächen des Stangenendes und des Kreuzkopfes genau zylindrisch und sauber ausgeführt, so ist das Einschleifen durchaus zwecklos. Es ist auch nicht erforderlich, die Stange so stramm einzupassen, daß sie sich nur mit Mühe wieder herausziehen läßt. Ist dies wirklich der Fall, so liegt der Verdacht nahe, daß die Stange im Grunde noch nicht richtig aufsitzt und die Keilverbindung erst nach mehrmaligem Nachziehen ordnungsgemäß hergestellt wurde.

Bei zylindrisch eingesetzten Kolbenstangen ergeben sich für den Hals oder die Nabe des Kreuzkopfes nur geringe Wandstärken, da hier nur Zugspannungen auftreten. Um so mehr muß darauf geachtet werden, daß durch eine entsprechende Verstärkung des Nabenendes eine genügende Auflagerfläche für den Keil geschaffen wird.

Das Einschrauben der Kolbenstangen in die Kreuzköpfe ist mehr und mehr beliebt geworden, nachdem sich diese Art der Verbindung auch bei Großgasmaschinen bewährt hat.

Die Sicherung der Verbindung erfolgt entweder durch Zusammenspannen des geschlitzten Kreuzkopfhalses (Fig. 98) oder durch Gegenmuttern in der verschiedensten Anordnung (Fig. 79 bis 84).

Voraussetzung für diese Verbindungen ist eine sehr sorgfältige, saubere Herstellung des Gewindes. Dafür ergeben sich aber besonders bei großen Kräften geringere Baulängen und leichtere Kreuzköpfe, sowie dünnere Kolbenstangen als bei der Keilverbindung.

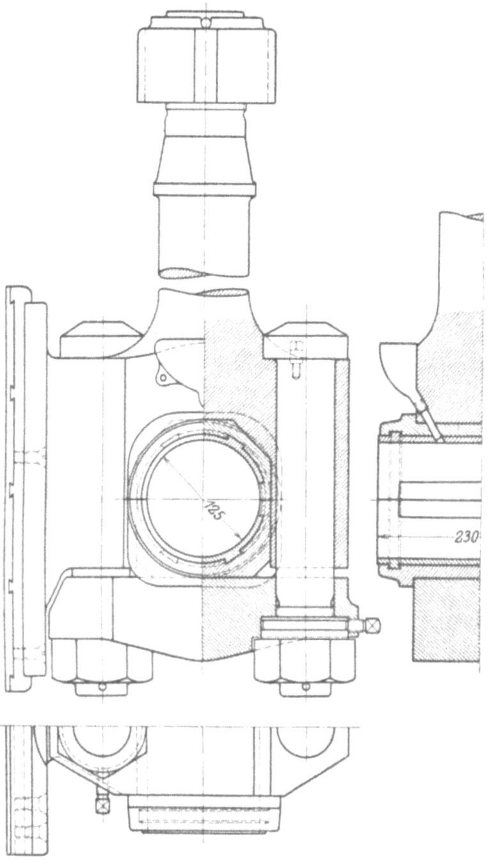

Die kürzeste Bauart, die besonders für Schiffsmaschinen von Bedeutung ist,

Fig. 85. Kreuzkopf einer stehenden Verbundmaschine. (Vulkan-Werke, Hamburg u. Stettin.)

ergibt sich bei der Herstellung der Kolbenstange und des Kreuzkopfes nach Fig. 63 bis 67. Dafür müssen aber größere Gewichte der gegabelten Schubstange in Kauf genommen werden. Fig. 71 bis 73 zeigen diese Verbindung an einem Kreuzkopf für

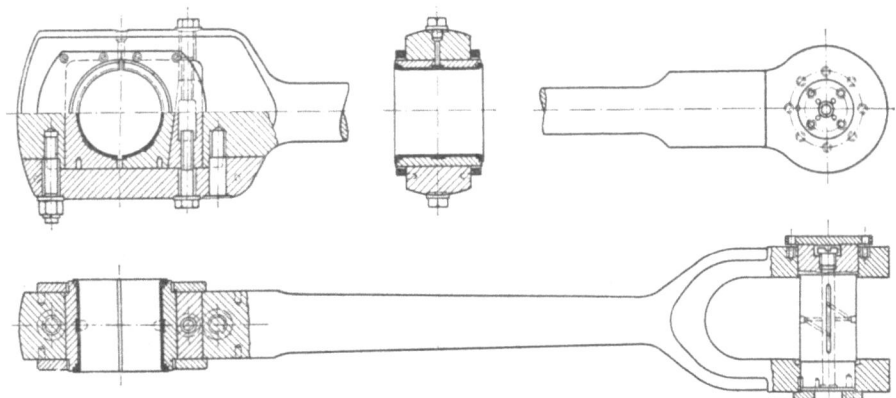

Fig. 86 bis 88. Schubstange mit seitlich offenem Kopf.
(Aus: H. Dubbel, Großgasmaschinen.)

Raddampfermaschinen, bei denen die charakteristische, ursprüngliche „Kreuzkopf"-form noch am meisten zu finden ist.

Beinahe gleich günstig hinsichtlich der Baulänge sind die an die Kolbenstange angeschmiedeten Kreuzköpfe (Fig. 85), die ebenfalls hauptsächlich bei Schiffsmaschinen zu finden sind. Damit der Kreuzkopfzapfen beim Nacharbeiten der Lagerschalen nicht aus der gegabelten Stange entfernt zu werden braucht, werden diese Kreuzköpfe offen mit Deckel ausgeführt, bei zweiseitig geführten Kreuzköpfen nach Fig. 85, bei einseitig geführten in gleicher Weise oder so, daß die dem Kreuzkopfschuh gegenüberliegende Seite des Kopfes als Deckel ausgebildet ist, ähnlich der Form des Schubstangenkopfes Fig. 86 bis 88.

Der Deckel bei Ausführung Fig. 85 muß selbstverständlich genügend stark bemessen werden, um eine Durchbiegung, die den Schrauben gefährlich werden könnte, zu vermeiden (vgl. C. Bach, Masch.-Elemente). Wie die Figur zeigt, fallen die Schrauben leicht unerwünscht stark aus, wenn die durch die Formänderung des Deckels eintretende Beanspruchung berücksichtigt werden muß. Es erscheint deshalb richtiger, den Deckel so stark wie möglich auszubilden.

In Fig. 74 bis 76 ist der Kreuzkopf einer stehenden Dampfpumpmaschine dargestellt. Die Verbindung der Kolbenstange mit dem Kreuzkopf erfolgt in der üblichen Weise mittelst Keil, während das zum Antrieb der tiefliegenden Pumpe dienende Querhaupt auf den Kreuzkopfhals geschoben und durch Mutter und Gegenmutter befestigt ist.

Für die Bemessung des Keiles zwischen Kolbenstange und Kreuzkopf ist der zulässige Flächendruck von 800 bis 1000 kg qcm und ferner die Biegungsbeanspruchung maßgebend, die bis 1000 kg qcm betragen kann. Die Stirnflächen des Keiles sind mit sehr gut abgerundeten Kanten oder noch besser halbrund auszuführen, da sonst in den Ecken des Keilloches sehr bedeutende Beanspruchungen auftreten können. Der Anzug des Keiles beträgt 1:25 bis 1:35. Schlankere Keile sind unzweckmäßig und beanspruchen beim Eintreiben Stange und Kreuzkopf ganz unnötig hoch.

e) Gleitschuhe.

Die Kreuzkopfgleitschuhe werden mit Ausnahme ganz kleiner Ausführungen stets besonders aufgesetzt und mit geringen Ausnahmen aus Gußeisen hergestellt. Der größte Auflagerdruck zwischen Gleitbahn und Gleitschuh soll, besonders bei

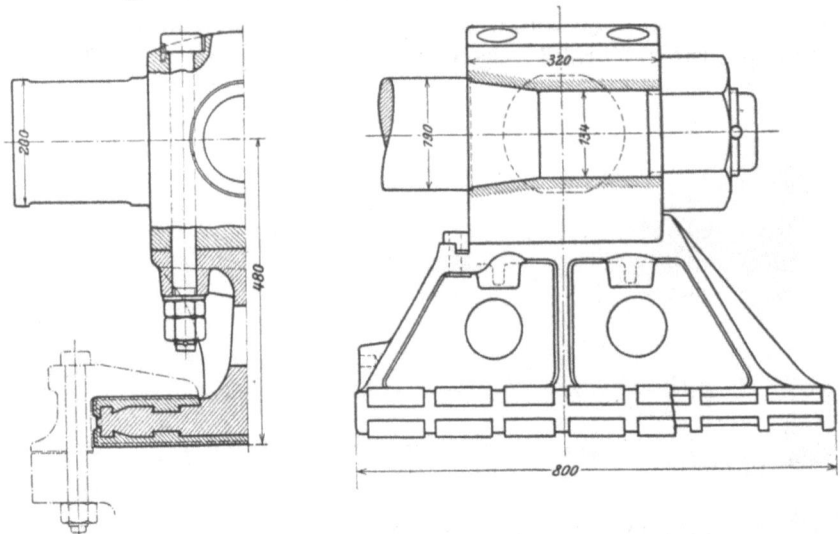

Fig. 89 und 90. Schiffsmaschinenkreuzkopf. (Blohm & Voss, Hamburg.)

Kolbengeschwindigkeiten über 2,5 m, den Wert von 3 kg qcm nicht übersteigen, um eine unerwünscht schnelle Abnutzung zu verhüten. Dieser Wert gilt für Gußeisen auf Gußeisen laufend. Sollen die Abmessungen der Gleitschuhe klein ausfallen, so werden die Schuhe mit Weißmetallbelag versehen, für den ein Flächendruck bis zu 4 kg qcm ohne weiteres zulässig ist.

Bei Lokomotiven findet man Flächendrücke bis zu 6 kg qcm, doch wird hier auf leichte Nachstellbarkeit der Gleitschuhe besonderer Wert gelegt.

Noch höhere Werte für den Flächendruck finden sich bei Schiffsmaschinen z. B. bei Kriegsschiffen bis zu 10 kg qcm. Dabei ist aber zu beachten, daß diese Maschinen stets wassergekühlte Gleitbahnen besitzen und daß die Höchstbeanspruchung und Höchstgeschwindigkeit immer nur kürzere Zeit auftreten.

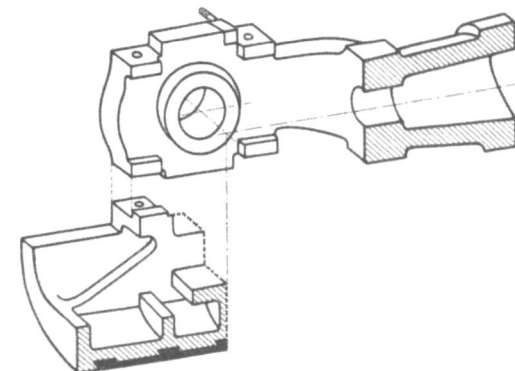

Fig. 91. Zapfenkreuzkopf mit gabelförmiger Grundform.

Bei ortsfesten Maschinen und einseitig geführten Kreuzköpfen genügt in der Regel der Weißmetallbelag auf der Hauptlauffläche (Fig. 68 bis 70). Bei Maschinen, die längere Zeit rückwärtslaufen müssen, oder bei denen der Druckwechsel im Gestänge sehr früh vor dem Totpunkt eintritt, müssen dagegen auch die den

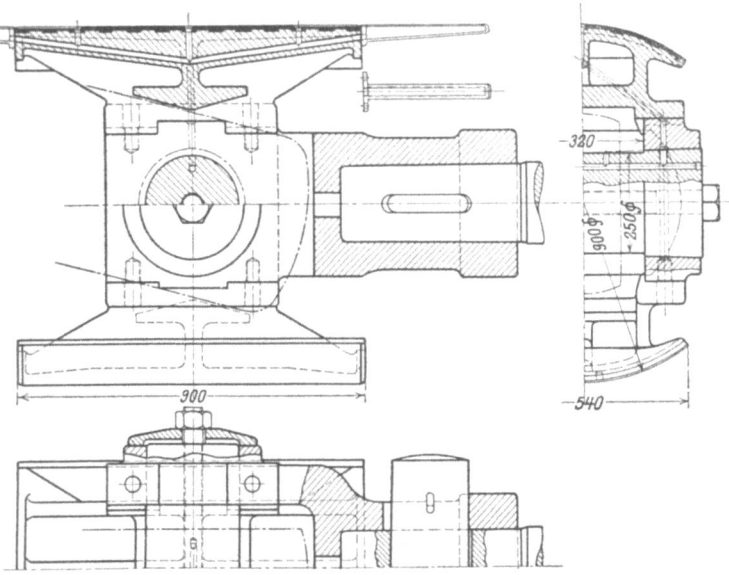

Fig. 92 bis 94. Kreuzkopf zur liegenden Gebläsemaschine. 1650 Zyl.-ϕ. 1500 mm Hub.
(Elsässische Maschinenbaugesellschaft, Mülhausen i. E.) Kreuzkopfzapfen: $p_{max} = 62,5$ kg/qcm.

Deckschienen zugekehrten Seiten mit Weißmetall versehen werden (Fig. 89 bis 90). Bei zweiseitigen Kreuzköpfen findet man auch die Ausführung, daß der Gleitschuh, der hauptsächlich den Druck aufzunehmen hat, größer ausgeführt oder mit Weißmetall belegt wird, während der andere aus Gußeisen ohne Weißmetall hergestellt wird.

Zylindrisch ausgebohrte Gleitbahnen haben vor ebenen Gleitbahnen den Vorzug, daß der Kreuzkopf ohne weiteres auch gegen seitliche Verschiebung gesichert ist. Bei ebenen Bahnen wird auf die seitliche Führung häufig verzichtet, was eine sehr genaue Herstellung der Zapfen und Lager voraussetzt, so daß die Zen-

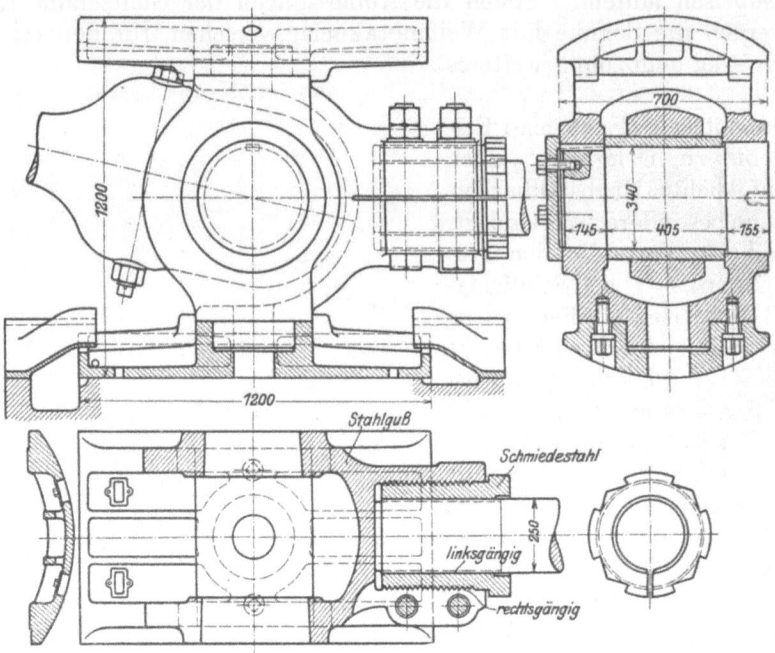

Fig. 95 bis 97. Kreuzkopf der Verbund-Gebläsemaschine. 1300/2300 Zyl.-Φ. 2000 Gebläse-Φ. 1800 Hub. Kreuzkopfzapfen: $p_{max} = 108{,}5$ kg qcm. (Deutsche Maschinenfabrik A.-G., Duisburg.)

trierung der Kolbenstange der entsprechend zu wählenden Stopfbüchsenpackung überlassen bleiben kann. Bei großen Maschinen ist aber bei ebenen Gleitbahnen

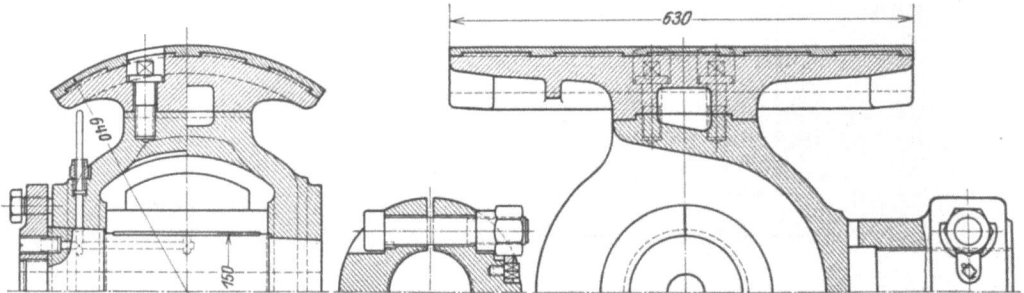

Fig. 98 bis 100. Kreuzkopf der liegenden Einkurbelverbundmaschine. 470/810 Zyl.-Φ. 850 Hub. $n = 125$. 12 atm. Kreuzkopfzapfen: $p_{max} \cong 100$ kg/qcm. (Haniel & Lueg, Düsseldorf.)

eine seitliche Führung vorzuziehen, und es sind dann unter Umständen auch die Schmalseiten der Gleitschuhe mit Weißmetall zu füttern (Fig. 89).

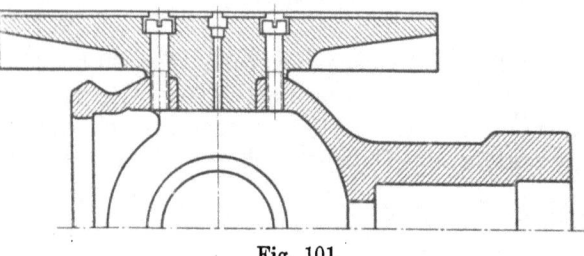

Fig. 101.

Die Befestigung der Gleitschuhe am Kreuzkopfkörper erfolgt auf die verschiedenartigste Weise. Zu berücksichtigen ist dabei bei zylindrischen Gleitbahnen, daß die Schuhe erst nach dem Aufsetzen fertig gedreht werden können. Der Angriff des Drehstahles an den äußeren Teilen der Schuhe verursacht ein bedeutendes Drehmoment, dem die Verbindung gewachsen sein muß. Da für die Befestigung im Betriebe meist eine einzige Schraube vollkommen genügt, muß neben dieser durch entsprechende Gestaltung der Verbindung dieses Drehmoment aufgenommen werden. Günstig sind in dieser Beziehung die Ausführungen Fig. 95 bis Fig. 99, bei denen die Befestigungsschrauben verhältnismäßig weit aus der Mitte gerückt sind. Weniger günstig sind die Befestigungen nach Fig. 104 bis 106. Diese, sowie die Fig. 107 und 108 bedürfen keiner weiteren Erläuterung.

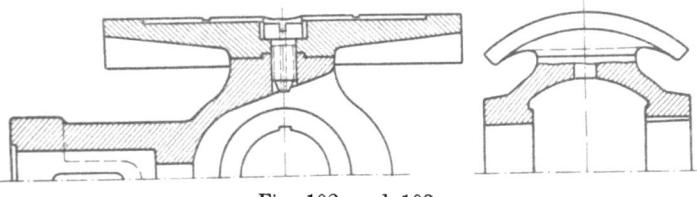

Fig. 102 und 103.

Gerade die Kreuzköpfe und deren Verbindung mit den Gleitschuhen erfordern beim Entwurf die Kenntnis der verschiedenen Bearbeitungsmöglichkeiten. Es finden sich immer noch Kreuzköpfe, deren Bearbeitung durch unzweckmäßige Form ganz unnötig erschwert wird[1]).

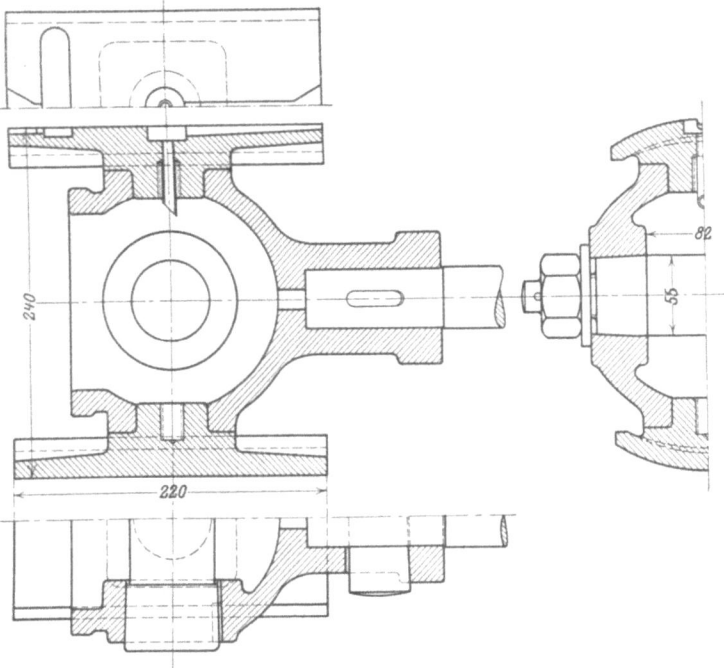

Fig. 104 bis 106. (Vgl. Fig. 21 und 22.)

Schon bei zylindrischen Gradführungen wird man bestrebt sein, den Durchmesser der Führung möglichst gering zu halten. Bei einseitig geführten ebenen Kreuzköpfen muß ganz besonders darauf geachtet werden, den Abstand der Stangenmitte von der Gleitbahn tunlichst zu verringern. Die Massenkräfte infolge der abwechselnden Beschleunigung und Verzögerung können infolge der ein-

---

[1]) Siehe: E. Hoeltje, Über die Bearbeitung von Maschinenteilen. „Werkstattstechnik." S. 205 ff. C. Volk, Entwerfen und Herstellen. J. Springer, Berlin.

seitigen Massenverteilung sehr beträchtliche Größen erreichen und das dadurch
hervorgerufene Kippmoment eine ungleiche Verteilung des Kreuzkopfdruckes und

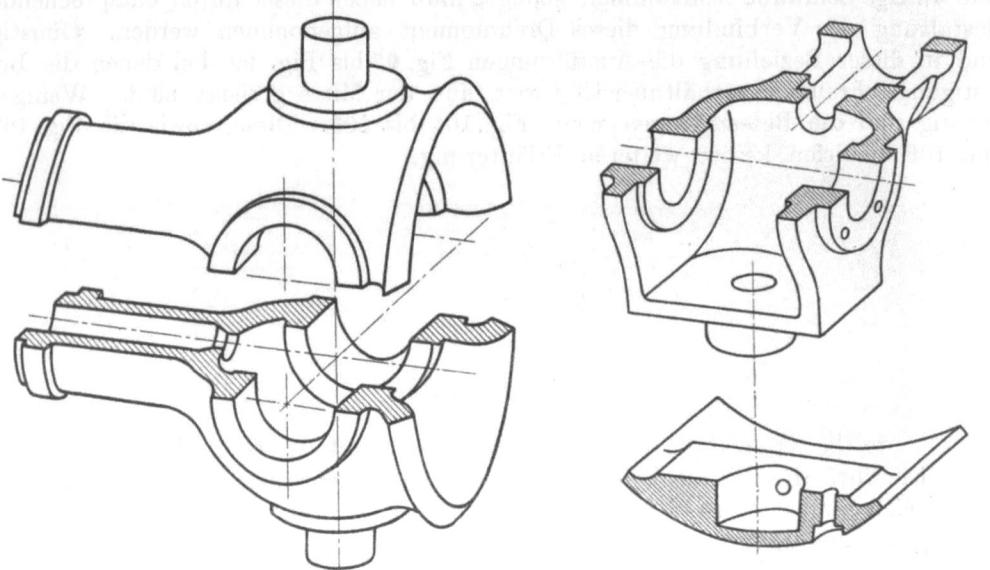

Fig. 107. Zapfenkreuzkopf mit kugeliger Grundform.

Fig. 108. Zapfenkreuzkopf mit prismatischer Grundform.

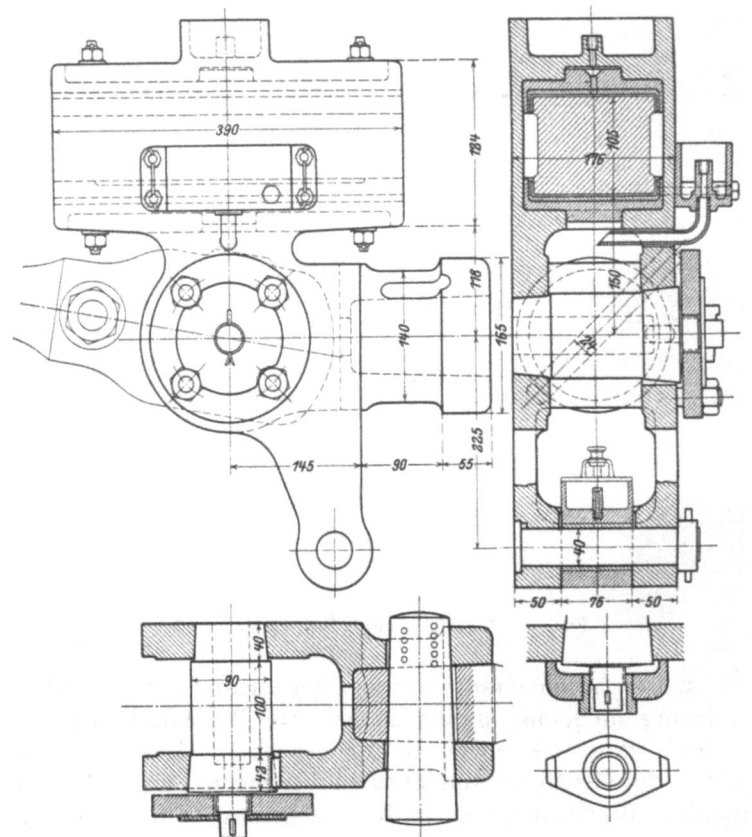

Fig. 109 bis 111. Kreuzkopf der Personenzugslokomotive 1·C·1 der Gr. Bad. Staatsbahn.
(Hierzu Schubstange Fig. 46 und 47.)

Überlastung der äußeren Teile des Gleitschuhes verursachen. Besonders bei Lokomotivkreuzköpfen nach Fig. 109 bis 111 ist hierauf zu achten und es sind die Gleitschuhe reichlich lang auszuführen.

Auf Nachstellvorrichtungen für die Gleitschuhe wird meist verzichtet. Ist wirklich einmal infolge Heißlaufens des Gleitschuhes und der daraus entspringenden außergewöhnlichen Abnutzung ein Nachstellen erforderlich, so kann dies bei fast allen aufgesetzten Gleitschuhen durch Unterlegen dünner Messingbleche zwischen Schuh und Kreuzkopf leicht geschehen. Bei dem Kreuzkopf Fig. 112 ist diese Art der Nachstellung von vornherein vorgesehen.

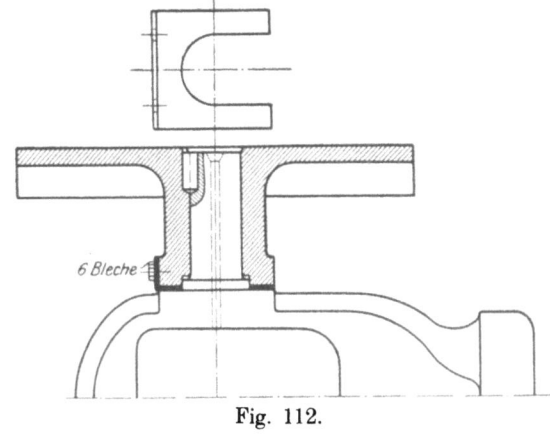

Fig. 112.

Der Kreuzkopf, Fig. 113 bis 115, ist noch besonders beachtenswert durch die Beweglichkeit des unteren Gleitschuhes und durch die Nach-

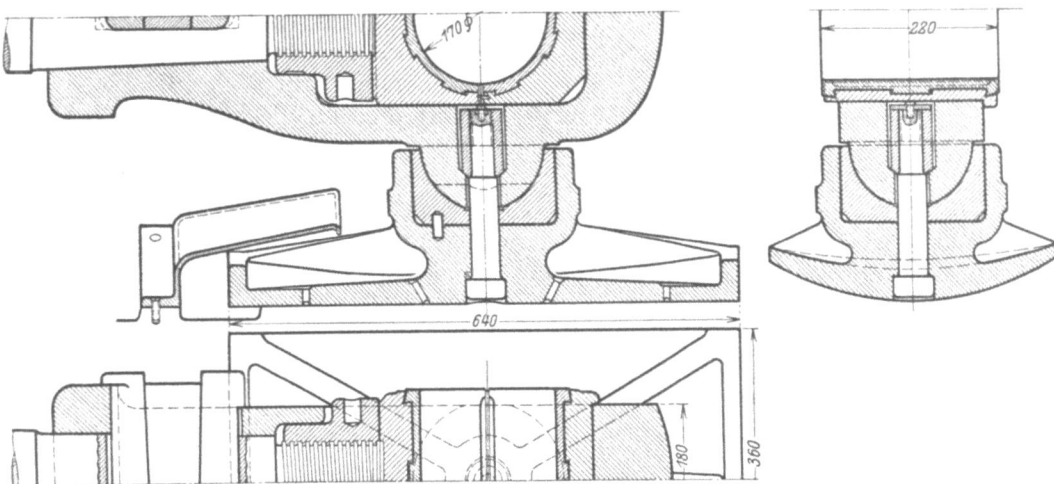

Fig. 113 bis 115. (Gebrüder Sulzer, Winterthur.)

stellung der Lagerschale durch eine auf dem Kolbenstangenende ruhende Mutter. Beides erfüllt den erstrebten Zweck nur bei einer äußerst genauen Ausführung.

Anhang.

Schmierung der Zapfen und Lager.

Die Schmierung der Kurbelzapfen erfolgt bei ortsfesten Maschinen fast ausschließlich durch Einführen des Öles in den Zapfen. Um eine leichte Verteilung zu erzielen, muß dann der Zapfen an der Stelle, an der das Öl austritt, eine Längsnut erhalten.

Auf die Zweckmäßigkeit der Form der in Fig. 29 dargestellten Lagerschalen wurde schon hingewiesen. Dem Abführen des verbrauchten Öles wird oft zu wenig Aufmerksamkeit geschenkt. Obschon es möglich ist, bei fliegendem Kurbelzapfen das Öl durch übergreifende Schalenränder wenigstens nach der Kurbel oder Kurbelscheibe zu führen und von dieser ohne Abspritzen abzuleiten, haben Versuche in dieser Richtung nicht besonders befriedigt. Erste Bedingung dafür ist, daß die Kurbellagerschalen stets fest aufeinander gepreßt sind. Meist gelingt es aber dem Maschinisten nicht, das Lager so genau nachzuarbeiten, so daß auch in den Fällen, wo bei der neuen Maschine ein Verspritzen von Öl wirklich vermieden wurde, im späteren Betriebe Spritzbleche u. dgl, erforderlich werden.

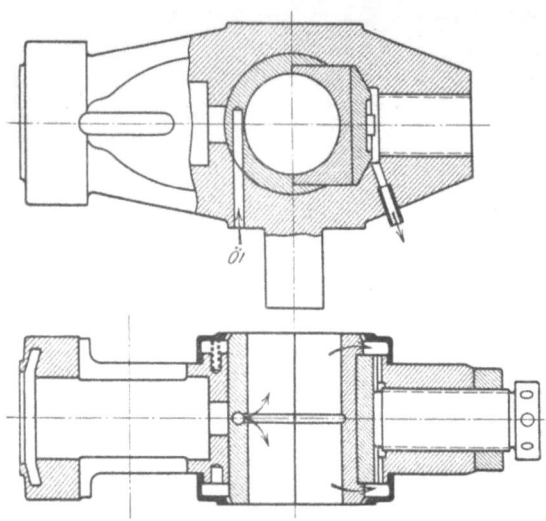

Fig. 116 und 117.

Größere Schwierigkeiten bezüglich der Schmierung bietet der Kreuzkopfzapfen schnellaufender Maschinen. Eine der besten Lösungen ist die, den Gleitschuh länger als den Hub der Maschine auszubilden, so daß eine Stelle der Gleitbahn stets bedeckt ist. Hier wird die Druckschmierung angeschlossen und das Öl durch entsprechende Nuten und Bohrungen nach dem Zapfen gedrückt. Fig. 116 und 117 zeigen einen derartigen Kreuzkopf einer stehenden Maschine, bei dem auch auf die Abführung des Öles besondere Sorgfalt verwendet ist. Die über die Schalen gestreiften Kappen federn gegen die Gabel der Schubstange, so daß das Öl nicht an die Gabel gelangt, sondern am untersten Punkt des Kreuzkopfes direkt auf den Stangenschaft abfließt.

Bei liegenden Maschinen erfolgt die Schmierung des Kreuzkopfzapfens heute fast ausschließlich durch den oberen Gleitschuh, der das der oberen Gleitbahn zugeführte Öl durch entsprechend angeordneten Ölnuten aufnimmt (Fig. 101 bis 103).

Die früher beliebte direkte Schmierung des Zapfens mit Abstreifvorrichtungen ist besonders bei hohen Kolbengeschwindigkeiten nicht verwendbar, da zuviel Öl unnütz verspritzt wird.

Einzelkonstruktionen aus dem Maschinenbau.
Herausgegeben von Ingenieur C. Volk, Berlin.   Erstes Heft.

Die Zylinder ortsfester Dampfmaschinen.

Von Oberingenieur H. Frey, Berlin.
Mit 109 Textfiguren. — Steif broschiert Preis M. 2,40.

Dieses Heft soll die Bauarten der Zylinder ortsfester Dampfmaschinen an Hand von Zeichnungen vorführen. Es war die Absicht des Verfassers, zu zeigen, in welcher Weise die Verwendung des Heißdampfes zahlreiche Änderungen der früher gebräuchlichen Formen veranlaßt hat, und warum eine Reihe von Gesichtspunkten, die noch vor wenigen Jahren eine untergeordnete Rolle spielten, heute bei der Gestaltung der Dampfzylinder vollste Beachtung fordern.

Der Hinweis auf diesen Zusammenhang zwischen der Form, den Betriebsbedingungen und der Herstellung in Verbindung mit zahlreichen Abbildungen nach Werkstattzeichnungen wird daher manchem jüngeren Konstrukteur als Ergänzung und Erweiterung der Bücher über Dampfmaschinen sein.

Inhaltsverzeichnis.
I. Allgemeine Gesichtspunkte. Rücksichten auf den Guß. — Rücksichten auf die Bearbeitung. — Festigkeit und Formänderung. — Wärmeausnützung. II. Verschiedene Arten der Zylinder. III. Einzelteile der Zylinder. Lauffläche und Dampfmantel. — Schieberkasten, Ventilgehäuse und Dampfkanäle. — Verbindung des Zylinders mit der Geradführung. — Zylinderfüße. — Zylinderdeckel. — Anschlußflächen für Steuerungsteile. — Heizung und Entwässerung. — Wärmeschutz. — Schmierung.

Aus den Urteilen der Fachpresse.

Es ist ein glücklicher Gedanke des Herausgebers, bei dem immer umfangreicher werdenden und sich in Sondergebiete scheidenden Gesamtgebiet der Maschinenelemente der Fülle des Stoffes dadurch gerecht werden zu wollen, daß dieser in Sonderhefte verteilt wird, deren jedes sich mit nur einem Konstruktionsteil beschäftigt, denselben aber dafür möglichst gründlich hinsichtlich seiner Verwendungsgebiete und Ausführungsformen behandelt und neben der Angabe der Berechnung besonders auch die Forderungen der Herstellung und des Betriebes berücksichtigt.

Aus diesem Gedanken heraus sind die beiden ersten Hefte der „Einzelkonstruktionen" entstanden. Sie erfüllen vollauf ihren Zweck. Aus jedem der Hefte spricht ein auf dem betreffenden Sondergebiet erfahrener Fachmann zu uns, zeigt uns, welche Rücksichten für das betreffende Konstruktionsteil hinsichtlich Festigkeit, Herstellung und Betrieb zu nehmen sind, und erläutert kurz und klar an Hand zahlreicher vortrefflicher Schnittfiguren von Konstruktionen erster Firmen alle beachtenswerten Konstruktionseinzelheiten. Auf diese Weise erhält der Leser einen vortrefflichen Überblick über das betreffende Sondergebiet und besitzt in den Heften eine sehr zweckdienliche Sammlung größtenteils neuester und guter Konstruktionen.

Die auch hinsichtlich Druck und Figuren gediegenen Hefte können dem Konstrukteur, besonders dem werdenden, warm empfohlen werden, und wenn die weiter in Aussicht stehenden Sonderhefte in gleich sachverständiger und gründlicher Weise, wie die beiden ersten, behandelt sein werden, so darf man ihrem Erscheinen mit Freude entgegensehen, da sie dann eine wertvolle und notwendige Ergänzung der bisherigen Werke über „Maschinenelemente" bilden werden.

Werkstattstechnik 1913, Nr. 2.

Das von sachkundiger Hand geschriebene, durch langjährige Erfahrung getragene und durch vielfältige Anregungen gehobene Buch kann aufs beste empfohlen werden. Es ist namentlich den angehenden Ingenieuren und den Studierenden eine willkommene Bereicherung der Literatur, da die ortsfeste Kolbendampfmaschine — wenn sie auch im wirtschaftlichen Wettbewerb vielseitig bedroht wird — im Unterricht und in der Erziehung zum selbständigen Entwerfen von Maschinen nach wie vor eine wichtige und führende Rolle spielen wird.

Es kommt diesen Zwecken sehr zustatten, daß der Inhalt des Buches nach der textlichen und nach der zeichnerischen Seite hin die Abhandlung weit davon entfernt hält, ein Rezeptbuch zu sein, sondern sie befähigt, zum logischen Aufbau eines Maschinenteiles anzuleiten, die schöpferisch-gestaltende, die Haupt- und Nebenbedingungen berücksichtigende Tätigkeit des Entwerfenden anzuregen und zu unterstützen. Dadurch, daß beim Dampfzylinder gezeigt wird, wie außerordentlich mannigfach und von den verschiedensten Seiten zuströmend die Anforderungen sind, welche an die körperliche Ausgestaltung der anscheinend einfachen Aufgabe — die Wege für den Kolben und den Dampf zu bilden — gestellt werden, wird der Sinn für die Aufspürung der Entwurfsbedingungen auch bei anderen Maschinenteilen angeregt.

Zeitschrift des Vereins deutscher Ingenieure 1912, Nr. 24.

Verlag von Julius Springer in Berlin.

Einzelkonstruktionen aus dem Maschinenbau.
Herausgegeben von Ingenieur C. Volk, Berlin.   Zweites Heft.

Kolben.

I. Dampfmaschinen- und Gebläsekolben.	II. Gasmaschinen und Pumpenkolben.
Von Ingenieur **C. Volk**, Berlin.	Von **A. Eckardt**, Betriebsingenieur der Gasmotorenfabrik Deutz.

Mit 247 Textfiguren. — Steif broschiert Preis M. 4,—.

Die Kolben gehören zu jenen Maschinenteilen, die die konstruktive Anpassung an die mannigfaltigen Betriebsbedingungen besonders klar erkennen lassen.

Es dürfte daher von Wert sein, an vielen Figuren ausgeführter Kolben zu zeigen, in welcher Weise der gestaltende Ingenieur die immer gleichbleibende Aufgabe, zwei Räume mit verschiedenem Druck voneinander zu trennen, lösen muß, je nachdem die treibenden oder die getriebenen Stoffe, die Pressungen, die Temperaturen, die Geschwindigkeiten usw. sich ändern.

Auf die Herstellung und Bearbeitung wird vielfach eingegangen; hingegen sind die Gesichtspunkte für die Berechnung nur an einigen Stellen angegeben, da die Berechnung nur im Znsammenhang mit den Anforderungen der Elastizitäts- und Festigkeitslehre in wünschenswerter Ausführlichkeit behandelt werden kann.

Inhaltsverzeichnis.

A. **Dampfmaschinen- und Gebläsekolben.** 1. Allgemeine Regeln. — 2. Liderungsringe aus Metall. — 3. Verbindung des Kolbens mit der Stange. — 4. Form des Kolbenkörpers. — 5. Verschluß der Kernöffnungen. — 6. Herstellung. — 7. Berechnung des Kolbenkörpers. — B. **Gasmaschinen und Ölmaschinenkolben.** 1. Kolben für einfachwirkende Viertaktmaschinen. — 2. Kolben für doppeltwirkende Viertakt- und für Zweitaktmaschinen. — C. **Pumpenkolben.** 1. Kolben zum Fördern von Flüssigkeiten. — a) Rohrkolben. — b) Scheibenkolben. — c) Ventilkolben. — 2. und 3. Kolben zum Absaugen und Verdichten von Gasen oder Dämpfen, sowie von Gemischen aus Gasen, Dämpfen und Flüssigkeiten. — a) Tauchkolben und Stufenkolben für Kompressoren und trockne Luftpumpen. — b) Scheibenkolben für Kompressoren, trockne und liegende, nasse Luftpumpen. — c) Kolben stehender Naßluftpumpen.

Aus den Urteilen der Fachpresse.

Das Sammelwerk „Einzelkonstruktionen aus dem Maschinenbau" ist entstanden aus der Absicht, mit Hilfe eines größeren Stabes von Fachgenossen, die auf den verschiedenen Gebieten des Maschinenbaues praktisch tätig sind, in einzelnen Heften jedesmal über bestimmte Maschinenteile einen weiteren Überblick zu geben und mehr Einzelerfahrungen an und mit diesen Teilen zu bringen, als dies in einem alle Maschinenteile umfassenden, von einem einzelnen Autor geschriebenen Werk möglich ist.

Bei der heutigen weiten Verzweigung des Maschinenbaus steckt in dieser Absicht zweifellos ein sehr gesunder Kern, und wenn er sachgemäß entwickelt wird, so muß dieser Kern zu einem Baum auswachsen, der gute Früchte trägt, der es vor allem ermöglicht, daß ein Einzelner ohne große Kosten die Ernte einheimst, die im Laufe der Entwicklung auf einem bestimmten Zweig des Maschinenbaus erwachsen ist.

Das Heft über „Kolben" ist ein guter Prüfstein dafür, daß die an ihm tätig gewesenen Autoren ihre Aufgabe ernst aufgefaßt und die Fähigkeit haben, den Anforderungen gerecht zu werden, die man an ein Werk über dieses wichtige Maschinenelement zu stellen berechtigt ist, das sich einem Sammelwerk der oben gekennzeichneten Art eingliedern soll.

Die Berechnung, die Formgebung, die Herstellung, das Verhalten im Betrieb der verschiedenartigsten Kolben werden in vertiefter Behandlung gebracht, und das gedruckte Wort wird durch eine große Zahl vorzüglicher Zeichnungen wirksam unterstützt. Das Heft kann bestens empfohlen werden.
Elektrotechnische Zeitschrift 1913, Nr. 21.

Das Heft umfaßt eine reichhaltige Sammlung von Skizzen ausgeführter Kolben; die Hauptmaße sind stets eingeschrieben, die ausführenden Maschinenfabriken sind durchweg genannt. Durch die gute Auslese und die klare Darstellung würde diese Sammlung auch ohne beschreibenden Text wertvoll genannt werden müssen. Die Beschreibung ist zweckmäßigerweise auf das Notwendigste beschränkt. Eine Neuerung gegenüber dem bisherigen Üblichen bilden die technologischen Darstellungen: Einformskizzen, Tabellen über Bearbeitungszeiten und einige Angaben über Einspannvorrichtungen. . . . Die Ausstattung — namentlich betreffs der Figuren — ist als vorzüglich zu bezeichnen; besonders zweckmäßig ist das handliche Format, das sonst bei Maschinenelementen häufig in ein Übermaß ausartet. Sehr lobenswert ist die Beschränkung auf Textfiguren an Stelle der unhandlichen Tafeln.

Das Buch bietet wegen seiner vorzüglichen Darstellungen eine sehr wertvolle Ergänzung der Lehrbücher über Maschinenelemente. *Zeitschrift des Vereins deutscher Ingenieure 1912, Nr. 21.*

Verlag von Julius Springer in Berlin.

Einzelkonstruktionen aus dem Maschinenbau.
Herausgegeben von Ingenieur C. Volk, Berlin.   Drittes Heft.

Zahnräder.
I. Stirn- und Kegelräder mit geraden Zähnen.
Von Dr. A. Schiebel,
o. ö. Professor der k. k. deutschen technischen Hochschule zu Prag.

Mit 110 Textfiguren. — Steif broschiert Preis M. 3,—.

Inhaltsverzeichnis.

I. Die Verzahnung der Stirnräder.
A. Verzahnungsgesetze und Eingriffsverhältnisse. — B. Zykloidenverzahnung. — C. Evolventenverzahnung.

II. Die Verzahnung der Kegelräder.
A. Zykloidenverzahnung. — B. Evolventenverzahnung. — C. Angenäherte Verzahnung.

III. Die Zahnreibung.
A. Stirnräder. — B. Kegelräder.

IV. Die Abnützung der Zähne.

V. Die Bearbeitung der Stirnräder.
A. Das Formfräsen. — B. Das Hobeln und Stoßen mit Spitzstichel. — C. Das Abwälzverfahren.

VI. Die Bearbeitung der Kegelräder.

VII. Die Unregelmäßigkeiten des Ganges fehlerhafter Zahntriebe.
1. Fehler der Evolventenflanken mit radialem Fußansatz bei kleinen Zähnezahlen. — 2. Teilungsfehler. — 3. Fehler von Zykloidenverzahnungen bei unrichtiger Achsenentfernung. — 4. Fehler der formgefrästen Stirnradzähne. — 5. Fehler der mit Schneckenfräser bearbeiteten Stirnradzähne.

VIII. Die Berechnung der Stirnräder.
A. Rücksichtnahme mit Festigkeit (Krafträder). — B. Rücksichtnahme auf Abnützung und Erwärmung (Arbeitsräder).

IX. Die Berechnung der Kegelräder. — X. Die Befestigung der Räder. — XI. Die Konstruktion der Räder. — XII. Geteilte Räder. — XIII. Räder mit Holzzähnen. XIV. Rohhauträder. — XV. Die Triebstockverzahnung. — XVI. Das Grissongetriebe.

Aus den Urteilen der Fachpresse.

Der Verfasser hat es sich zur Aufgabe gestellt, ein zeitgemäßes Bild von dem gegenwärtigen Stande des Zahnräderbaues zu geben. Der Konstruktion, Berechnung und Herstellung wurde dabei gleiches Augenmerk gewidmet. Das in den Lehrbüchern der Maschinenelemente bisher Gebotene wurde als Grundstock übernommen und durch Ergebnisse praktischer Untersuchungen und Erfahrungen sowie durch eine ausführliche Besprechung der Bearbeitung der Zahnräder erweitert. In der Praxis ist eine Bearbeitung der Zähne in der Maschine mit möglichst einfach gehaltenen Schneidwerkzeugen erforderlich; die Übertragung gezeichneter Profile auf die Ausführung ist zu umständlich und zu ungenau. Es wurde daher auch die Verzahnungstheorie vom Standpunkte der Bearbeitung behandelt. Sie umfaßt nicht nur die vollständige geometrische Festlegung der Zahnflächen, sondern auch die Ermittlung der Bewegungsvorgänge für die Erzeugung dieser Flächen. Die bekannten Profilkonstruktionen werden knapp gestreift; weitergehende Ausführungen in dieser Richtung betreffen die Untersuchung des Eingriffs. Die Besprechung der Ausführungsfehler und ihrer Folgen ist eine notwendige Ergänzung für die Beurteilung der Güte der Bearbeitung, zumal einige Verfahren den theoretischen Vorbedingungen nicht genau entsprechen. Neu eingeführt wurde ein exakt definierter Begriff der Fehlerhaftigkeit als Verhältniswert, die plötzliche Geschwindigkeitserhöhung des getriebenen Rades beim Eingriffswechsel als Ursache der Stoßwirkungen. In einem späteren Heft soll die Besprechung der Stirn- und Kegelräder mit Schraubenzähnen und der Radausführungen für sich kreuzende Achsen erfolgen. Die vorliegende Neubearbeitung der auf diese wichtigen Maschinenelemente bezughabenden Materien erweist sich als eine überaus wertvolle Bereicherung der einschlägigen fachwissenschaftlichen Literatur.
Zeitschrift des österr. Ing.- und Architekten-Vereins 1912, Nr. 27.

... Während die bisherige Behandlung der Zahnräder von der Anschauung ausgeht, daß man die Zahnflanke beliebig formen könne — was tatsächlich nur für unbearbeitete Zähne zutrifft — stellt sich der Verfasser auf den richtigen Standpunkt, daß man nur solche Zahnformen zugrunde legen könne, wie sie die Zahnbearbeitungsmaschinen erzeugen können. Es ist somit die Behandlung völlig auf die Bearbeitung aufgebaut. Dieses Vorgehen ist neu, richtig und fruchtbar.

Das Buch bringt mit glatten Worten und mit klaren Skizzen eine anschauliche Darstellung der Bewegungsvorgänge von Zahnrädern, ausgehend von der Bearbeitung der Zähne. Es ist in dem wissenschaftlichen Geist geschrieben, der Bekanntes nicht als unantastbar übernimmt, sondern auf eigenen Wegen Neues bringt. *Zeitschrift des Vereins deutscher Ingenieure 1913, Nr. 25.*

Verlag von Julius Springer in Berlin.

Einzelkonstruktionen aus dem Maschinenbau.

Herausgegeben von Ingenieur C. Volk, Berlin. Viertes Heft.

Die Kugellager
und ihre Verwendung im Maschinenbau.

Von **Werner Ahrens**, Winterthur.

Mit 148 Textfiguren. — Steif broschiert Preis M. 4,40.

Die vorliegende Arbeit umfaßt eine möglichst abgeschlossene Behandlung aller für die Konstruktion von Kugellagern in Frage kommenden Punkte, und zwar unter vorwiegender Berücksichtigung der Anwendungsgebiete des Maschinenbaues. Hierbei ist für den Verfasser vor allem der Gesichtspunkt maßgebend gewesen, nicht nur den Bau der eigentlichen Kugellager zu behandeln, sondern auch soweit auf die verschiedenen Anwendungsgebiete einzugehen, als für die Auswahl, Dimensionierung und Bearbeitung der Kugellager sowie für die Gestaltung der Gehäuse und angrenzenden Maschinenteile erforderlich ist. Die Arbeit wendet sich sowohl an die Hersteller von Kugellagern als auch an die Kreise, die Kugellager für ihre Maschinen verwenden. Da die letztere Gruppe die größere ist, ist dem diesen Interessentenkreis betreffenden Stoff bei der Behandlung auch ein größerer Umfang eingeräumt worden. Die langjährige Tätigkeit des Verfassers in der Kugellager-Industrie dürfte die Gewähr dafür bieten, daß das gesamte Gebiet der Kugellager nach allen Richtungen hin ausführlich dargestellt ist. Ausführungen, die nur historische oder patenttechnische Bedeutungen haben, sind unberücksichtigt geblieben.

Inhaltsverzeichnis.

Einleitung.
I. Die Stribeckschen Untersuchungen von gehärtetem Stahl unter Berücksichtigung der Kugelform.
   1. Gehärtete Kugeln zwischen Kugeln gleicher Größe. 2. Druckproben von Kugeln zwischen ebenen Platten oder hohlkugeligen Stempeln. 3. Pressung zwischen den Druckflächen und zulässige Belastung.
II. Kugellager im Betrieb.
   1. Lagerreibung. 2. Zentrifugalkräfte. 3. Zulässige Belastung der Kugellager. 4. Gleit- und Kugellager. 5. Die Feinde des Kugellagers.
III. Herstellung der Kugellager.
   1. Anforderung an das Material. 2. Die Herstellung und Prüfung der Kugeln. 3. Herstellung und Prüfung der Kugellagerringe. 4. Die Revision der fertigen Kugellager. 5. Herstellungsfehler und ihre Folgen.
IV. Konstruktion der Trag- und Stützkugellager.
   1. Tragkugellager. 2. Stützkugellager. 3. Normalisierung der Kugellager.
V. Einbau und Verwendung der Kugellager.
   1. Passungen und Montage. 2. Schmierung der Kugellager, Öl- und Staubdichtung. 3. Transmissionskugellager. 4. Rollenlagerungen (Tragrollen, Leitrollen, Leerlaufscheiben u. a.). 5. Schneckengetriebe. 6. Kreiselpumpenlager. 7. Kugellager im Kranbau. 8. Achsbüchsen, Schiebebühnen, Drehscheiben. 9. Kurbelwellen. 10. Kugellager im Automobilbau. 11. Werkzeugmaschinen und Holzbearbeitungsmaschinen. 12. Kugelschlitten. 13. Elektromotoren, Dynamomaschinen, Ventilatoren. 14. Turbinenlager. 15. Drucklager für Schiffswellen. 16. Walzenstühle für Getreidemühlen. 17. Lager für Kreisel. 18. Zentrifugen. 19. Textilmaschinen.
Anhang. Rollenlager.

Verlag von Julius Springer in Berlin.

Einzelkonstruktionen aus dem Maschinenbau.
Herausgegeben von Ingenieur C. Volk, Berlin.   Fünftes Heft.

Zahnräder.
II. Räder mit schrägen Zähnen.
(Räder mit Schraubenzähnen und Schneckengetriebe.)

Von Dr. A. Schiebel,
o. ö. Professor der k. k. deutschen technischen Hochschule zu Prag.

Mit 116 Textfiguren. — Steif broschiert Preis M. 4,—.

Der Sammelname „Räder mit schrägen Zähnen" umfaßt die Stirn- und Kegelräder mit Schraubenzähnen und die Getriebe für sich kreuzende Achsen. Behandelt wird die Berechnung, Konstruktion und Bearbeitung der Stirn- und Kegelräder mit Schraubenzähnen, der Räder mit Winkelzähnen, der Hyperboloidräder, Schraubenräder und Schneckengetriebe. Den Schneckengetrieben wurde ihrer Wichtigkeit halber eine ausführliche Behandlung zuteil. Auf eine geometrisch genaue Feststellung der Eingriffsverhältnisse mußte eingegangen werden, weil kein anderer Weg ausreichende Hilfsmittel für die zweckmäßige Bemessung der Getriebeeinzelheiten bietet. Die Untersuchung vereinfacht sich wesentlich, wenn man die Eingriffspunkte nicht im Längsschnitte der Schnecke ermittelt, wie es gewöhnlich geschieht, sondern in Querschnitte. Von Bedeutung für die Schneckengetriebe mit kleinen Zähnezahlen und großen Steigungen sind die Einflüsse, die eine Beeinträchtigung des Einflusses herbeiführen. Es wurden deshalb die Einflüsse und ihre Folgen genau untersucht. Die volle Einsicht in die Eingriffsverhältnisse ist auch für die Bearbeitungseinzelheiten notwendig. Um einem Mißlingen der Getriebeausführung bei der Bearbeitung vorzubeugen, muß man die Einflüsse kennen, die Zähnezahl, Übersetzung und Steigung auf die Zahngestaltung ausüben. Die Abschnitte über die Bearbeitung bilden daher eine wichtige Ergänzung der Grundlagen für einen richtigen Entwurf. Eine wertvolle Bereicherung erfuhr die Veröffentlichung durch die Aufnahme von Zeichnungen ausgeführter Getriebe.

Inhaltsverzeichnis.

I. Stirnräder mit Schraubenzähnen. — II. Die Bearbeitung der Stirnräder mit Schraubenzähnen. — III. Kegelräder mit Schraubenzähnen. — IV. Die Bearbeitung der Kegelräder mit Schraubenzähnen. — V. Räder mit roh gegossenen Winkelzähnen. — VI. Die Bearbeitung der Räder mit Winkelzähnen. — VII. Die Berechnung der Räder mit bearbeiteten Winkelzähnen. — VIII. Die Konstruktion der Räder mit Winkelzähnen. — IX. Die Verzahnung der Hyperboloidräder. A. Zykloidenverzahnung. B. Angenäherte Verzahnung. — X. Die Berechnung der Hyperboloidräder. — XI. Die Bearbeitung der Hyperboloidräder. — XII. Schraubenräder. — XIII. Die Verzahnung der Schneckengetriebe. — XIV. Die Eingriffsverhältnisse der Schneckengetriebe. 1. Aufstellung der Eingriffsgleichung. 2. Zeichnerische Ermittlung der Eingriffspunkte. 3. Darstellung der Eingriffsfläche. 4. Ermittlung der Radzahnfläche. 5. Bestimmung des Querprofils der Schneckenfläche. 6. Verlauf der Linien des gleichzeitigen Eingriffes. 7. Bestimmung des Eingriffsfeldes. 8. Bestimmung des eingreifenden Radzahnfeldes. 9. Bestimmung des eingreifenden Schneckenfeldes. 10. Beschränkungen des Eingriffsgebietes. 11. Außenbegrenzung der Zahnflächen. 12. Unterschneidung der Radzähne. 13. Ungleiche Aufteilung der Zahnhöhe. — XV. Die Bearbeitung der Schneckengetriebe. A. Bearbeitung der Schnecke. B. Bearbeitung des Rades. C. Einlaufen des Getriebes. — XVI. Die Berechnung der Schneckengetriebe. A. Wirkungsgrad. B. Zulässige Belastung. C. Ausmittlung der Triebabmessungen. — XVII. Die Konstruktion der Schneckengetriebe. — XVIII. Globoidschneckengetriebe. — XIX. Schneckengetriebe mit Rollenzähnen.

In Vorbereitung befindet sich:

Siebentes Heft: **Ventile für Pumpen und Gebläse.**

Verlag von Julius Springer in Berlin.

If you have any concerns about our products,
you can contact us on
ProductSafety@springernature.com

In case Publisher is established outside the EU,
the EU authorized representative is:
**Springer Nature Customer Service Center GmbH
Europaplatz 3, 69115 Heidelberg, Germany**

Printed by Libri Plureos GmbH
in Hamburg, Germany